新未来

U0178662

———————— 想象，比知识更重要

幻 象 文 库 ——————

David Kaiser

QUANTUM LEGACIES

**Dispatches from
an Uncertain World**

量子
简史

[美]大卫·凯泽   刘 晨
————著 ——译

新 星 出 版 社　NEW STAR PRESS

图书在版编目（CIP）数据

量子简史 /（美）大卫·凯泽著；刘晨译 . —— 北京：新星出版社，2023.7
ISBN 978-7-5133-5082-2

Ⅰ . ①量… Ⅱ . ①大… ②刘… Ⅲ . ①量子论 – 物理学史 Ⅳ . ① O413-09

中国国家版本馆 CIP 数据核字 (2023) 第 212084 号

新未来

量子简史

[美] 大卫·凯泽 著；刘 晨 译

责任编辑 杨 猛		**监 制** 黄 艳		
责任校对 刘 义		**责任印制** 李珊珊		
封面设计 冷暖儿				

出 版 人 马汝军
出版发行 新星出版社
（北京市西城区车公庄大街丙 3 号楼 8001　100044）
网　　址 www.newstarpress.com
法律顾问 北京市岳成律师事务所
印　　刷 北京天恒嘉业印刷有限公司
开　　本 710mm × 1000mm　1/16
印　　张 20
字　　数 206 千字
版　　次 2023 年 7 月第 1 版　　2023 年 7 月第 1 次印刷
书　　号 ISBN 978-7-5133-5082-2
定　　价 68.00 元

版权专有，侵权必究。如有印装错误，请与出版社联系。

总机：010-88310888　传真：010-65270449　销售中心：010-88310811

献给埃勒里和托比：量子奇迹双胞胎

序　言

　　物理学总是那么迷人，每个时代都有伟大的思想者为它倾倒，像牛顿、爱因斯坦或海森伯。

　　秋天，落叶的味道透过窗子传进来。我们十几个人，围坐在一张长桌旁，这些人中有学院副院长、戏剧导演、剧作家、金融家、漂亮的女演员，以及几位物理学家。大卫·凯泽端坐在主持人的位置上，衣着得体，神情专注。我们正在讨论一部即将在附近的剧院演出的科学新剧，目前剧本还没完成，这部新剧将是一次科学与艺术的美妙交汇，是牛顿、爱因斯坦冰冷的方程式与契诃夫、王尔德感人心扉的剧作之间的交融。严谨中带着随性，理性中充满情感，科学与艺术并存。每年我们总会在这里聚几次，像这样在两个世界中徜徉。

　　凯泽教授作为一名物理学家和科学史学家，这几年来又多了一个一流的剧作家的名头，他的文章和书不仅有许多前沿的科学理念，还记录了众多科学家生活的点滴故事，以及对科学相关体制和文化的深入思考。这些都在本书中以一篇篇精彩纷呈的文章逐一呈现。为什么会有这么多物理学家坐在这里呢？

现代物理学试图将整个世界归结为基本粒子和力——用最简洁的方式解释世界。我觉得，这体现了人类对所处的世界建立秩序的深切愿望。这里说的世界，不仅指的是牛顿和爱因斯坦所定义的物理世界，还包括了纷繁复杂的有机世界。格式塔心理学家说，我们人类不可避免地倾向于将世界归纳为一种有意义的模式，哪怕这种行为只是一种幻觉。例如，我们会把天空杂乱无章的繁星，看作某种图形，并把它定义为一个星座。如果我们看到一个残缺的圆圈，我们大脑中会倾向于填补缺失的那部分。柏拉图把世界归结为水、火、土、气四种要素；古印度人则认为：火与骨头和语言相关，水与血和尿相关，大地与灵和肉相关；亨利·亚当斯更是想从能量和热力学第二定律的角度去解释人类文明历史的起起落落。这些都说明，我们是模式的追求者，也是模式的制作者，物理是这种追求的终极方式，艺术也是。这就是为什么今天会有这么多的物理学家坐在这里。

虽然，具有心灵的人类同时创作出了科学与艺术，但现代科学的成功，更大程度上应当归功于不带情感的人类理性地对冰冷世界的逻辑思考。1969年负责首次登月计划的科学家计算了火箭推力和轨迹，使航天器可以准确进入月球轨道。这些计算不会包含宇航员的任何情绪或个人生活的参数。

一个与此相关的问题是：科学通常不关注它自己（人类）发现历史的叙事。在这个意义上，科学是不同于人文学科的。人文学科的知识主体可以称为"横向的"，所有时代的开创性作品都被认为是同样重要的，没有一个时代的作品被认为是优于其他时代的。例如，当我们学习哲学时，我们可能从孔子、柏拉图和亚里士多德开始，向尼采和罗素发展，或者在文学上，我们可能会从《伊利亚特》和《奥德赛》开始，逐步过渡到《了不起的盖茨比》。但不能说，《了不起的盖茨比》就比《伊利亚特》有任何更"正确"或高明的地方。相比之下，科学的发展则是垂直进行的。一般认为，每个时期的科学理论、方法和知识都可以改善或取代之前时期的理解。在预测行星轨道和引力现象时，爱因斯坦的引力理论比牛顿引力理论更准确。一名理科研究生在进入该领域的"前沿"研究之前，他更关注的是该领域的最新成果，而一般没有时间，也没有兴趣去图书馆研究尘封的学科发展历史。现在大学关于热力学的教科书——《热物理学》中满是描述现代对热的理解，比如分子和原子的随机运动方程，而不会有一个词提到曾经流行一时的燃素说，更不会提到本杰明·汤普森（1753—1814）的精彩故事。本杰明·汤普森曾是新罕布什尔州的教师，在独立战争后因支持英军而逃往英国，成为巴伐利亚军队的领袖。在慕尼黑军工厂监督火炮管生产期间，汤普森发现，热是运动而不是物质。汤普森在1798年伦敦皇家学会的文章中写道："在平凡生活的事务和职业中，机会常常蕴含在思考大自然的奇特行为中……当考虑到是枪管中两种金属表面的摩擦使铜枪变热时，在一瞬间，我被击中了！"

　　但与通常理解的科学书籍不同，本书充满了伴随科学发现而产生的戏剧性的历史桥段。

　　树叶的气味和它们的颜色提醒着我，人类丰富的感官给了我们一个不真实的世界图景——这幅不真实的图景正在被现代物理学彻底修正。我们了解到，与直觉不同，地球正在高速自转，并围绕太阳旋转。我们了解到，与直觉不同，我们每秒钟都接收到无数 X 射线、无线电波和伽马射线，而这些是肉眼看不到的。我们了解到，在原子的微观世界中，粒子的行为是它们可以同时出现在多个地方，而且相互纠缠影响，这显然违反了日常的因果概念。最后的发现是量子物理学的主题，也是凯泽新书的主题：如果我们必须质疑我们感官感知的有效性，如果我们必须放弃对"现实"的直观理解，如果我们必须接受对物质世界新的描述方式，那么让我们至少用本书中迷人的人类故事来理解。

艾伦·莱特曼

前　言

　　"别笑！"物理学家保罗·埃伦费斯特（Paul Ehrenfest）在一张小纸条上快速地写着。1927年10月下旬，在布鲁塞尔，大约20位当时著名的物理学家参加了一场科学会议①，当人们为理解新诞生的量子理论而争论得面红耳赤时，埃伦费斯特就像一个调皮的小学生，把纸条传给了他的朋友阿尔伯特·爱因斯坦。在纸条下面，爱因斯坦草草写了他的回答："我只嘲笑天真的人。"他用特有的花体字写道："谁知道明天被嘲笑的人会是谁。"[1]

　　我仍然记得在20世纪90年代初，当我拿到那本手写笔记时，我感受到的震撼。我那时去普林斯顿大学的珍藏图书图书馆进行我的第一次档案研究。普林斯顿大学的图书馆有一套爱因斯坦未发表论文和信件的正式复本，其原件位于耶路撒冷的希伯来大学。在普林斯顿，关于爱因斯坦的藏品有一百多箱，里面塞满了褪色的影印件和缩微胶片，我在海量档案中开始一点点地查阅。我不是第一个注意到埃伦费斯特和爱因斯坦之间有趣的往来书信——

---
①指索尔维会议。——编者注

图 0.1 1920 年 6 月，保罗·埃伦费斯特在莱顿的家里，埃伦费斯特（左）带着他的儿子小保罗·埃伦费斯特正在与阿尔伯特·爱因斯坦交谈。（图片来源：维基共享资源。）

其他历史学家也曾引用过——但当我看到后，还是感到很惊讶。[2]

　　看着手中的档案，我试着想象当时的那一幕。在绿树成荫的雷奥波德公园，爱因斯坦、埃伦费斯特和其他物理学家挤在一间会议室里，正在为一个新的框架激烈争论，这个框架将要描述物质最基本的属性。在布鲁塞尔会议[①]之前，大多数物理学家觉得他们对光和原子的知识都已经很清晰了。但参加会议的年轻人，比如沃纳·海森伯（Werner Heisenberg）和沃尔夫冈·泡利

――――――――――
①指索尔维会议，此处沿用英文表述，后文同。——编者注

（Wolfgang Pauli）却带来了新的思想。他们关于世界的图景是基于概率的，这与物理学家们一直以来对世界的理解形成了不可调和的撕裂感，就像在几个月前，海森伯大胆地提出不确定性原理时那样。埃伦费斯特和爱因斯坦都40多岁了，虽然很欣赏这些聪慧的新思想，但也充满疑虑。特别是爱因斯坦，他很快成为新量子力学最尖锐的批评者之一，他担心该理论存在太多弱点，不能支撑理论物理学的大厦。[3]

即便如此，在会议室和附近酒店的晚宴上，爱因斯坦和埃伦费斯特在激烈的辩论之余，仍然用幽默甚至谦逊来回应着不确定性。在如此伟大的智力历险中，他们乐此不疲，通过频繁传递纸条，开着同行们的玩笑。此时，他们并未察觉到暴风雨即将到来。希特勒在德国的掌权，迫使爱因斯坦逃离德国，定居普林斯顿。而埃伦费斯特受到更严重的影响，他在朋友和学生面前奔放的性格掩盖了他严重的抑郁症。世界政治不确定性的洪流加剧了他对物理学快速变化的不安。"我已经完全不了解现在的理论物理学了，"他向身边的一位同事说，"我已经读不懂任何东西了，感觉自己淹没在大量的文章和书籍中，已经无法准确地理解其中之意了。"而且，他越发担心他那患有唐氏综合征的小儿子瓦西克，他在给朋友的信中也表达了这种绝望之情。布鲁塞尔会议五年后，埃伦费斯特给爱因斯坦写了一封信，表达了他的无奈："我已经筋疲力尽了。"太多的不确定性已经使他"完全'厌倦了生活'"，此后他再也没有寄过信。1933年9月下旬，埃伦费斯特在医生的候诊室里射杀了年幼的儿子瓦西克，然后开枪自杀了。[4]

::::

在经过 1927 年布鲁塞尔会议热烈的辩论后，量子力学逐渐成为物理学家描述世界的核心理论。经过了这么多年，虽然并不缺乏尝试，但物理学家仍没有找到一个证明量子力学错误的实验，无数次的实验结果都与理论的预测相匹配。

当爱因斯坦和埃伦费斯特的来往书信出版 25 年后，我有幸开启了量子力学研究。2018 年 1 月 6 日清晨，在摩洛哥西海岸加那利群岛明媚的阳光下，我走过拉帕尔马（La Palma）机场的停机坪。在海平面上，拉帕尔马看起来像是热带天堂，棕榈树在微风中摇曳，景色美得好像来自夏威夷的明信片一般。我从纽约到马德里飞行了一整夜，然后又花了几个小时到达拉帕尔马——只为了能够见到我的合作者安东·蔡林格（Anton Zeilinger），一位著名的物理学家，他设计了一个非常巧妙的试验来测试量子理论的奇特特性。尽管经过了长途旅行，但安东看起来还是像往常一样精神焕发。（根据我的经验，无论何时何地，安东看上去都无比欢乐。）

安东开着一辆租来的汽车，我们驱车上山前往穆查乔斯天文台。随着我们在狭窄的公路上向接近 8000 英尺①海拔前进，路边

---

① 1 英尺 =0.3048 米。——编者注

图 0.2　在遥远的山坡上，坐落着北欧光学望远镜（Nordic Optical Telescope, NOT）的金属圆顶，这是拉帕尔马加那利群岛上罗克·德洛斯·穆查乔斯天文台（Roque de los Muchachos Observatory）的一部分。望远镜圆顶左侧可以看到一个长方形的集装箱，在 2018 年 1 月的宇宙钟实验中用作临时实验室。在我们短暂的观测期间，我们不得不面对冻雨和偶尔的冰风暴。（图片来源：梁振英摄。）

棕榈树逐渐从茂盛变得凋零。当我们驱车到达天文台时，天气已经从在机场时的万里无云变成了寒冷的冰风暴。

　　在天文台，我们见到了十几位团队成员，其中大多数是年轻的研究生，也有来自位于维也纳的安东研究小组的博士后。有几个人已经在天文台工作了几个星期，负责设备安装和进行校准测试。我们在那里进行了一个新的量子纠缠实验，量子纠缠是爱因斯坦本人在著名的布鲁塞尔会议之后几年提出的一个思想实验。

为了这次实验，我们将使用天文台的两台巨型的望远镜，收集已知最远的类星体发出的光；同时，安东和他的小组将用从维也纳运过来的特殊激光望远镜，拍摄成对的纠缠粒子。

经过几个糟糕的夜晚，拉帕尔马的天空终于放晴了，我们可以开始进行实验。几个小时后，我们取得了初步的结果。经过几个星期的仔细计算，结果证实我们最新的实验像之前的所有实验一样，显示的结果与量子力学的预测完全吻合，是与爱因斯坦的猜测相冲突的。我们实验所使用的仪器是爱因斯坦那个时代所没有的，13英尺的望远镜，镜面完美抛光，一个高功率激光器，单光子雪崩二极管探测器，以及用原子钟精确到纳秒的定时电路[5]。我们调集了这些现代最先进的工具来检验布鲁塞尔会议上提出的想法。我不禁要问：那些多年前聚集一堂辩论的量子理论大师们，会为我们今天的努力作出何种评价？

: : :

自从我第一次到普林斯顿大学的图书馆查阅爱因斯坦的论文以来，我一直被一种科学研究的双重性所吸引。无论在爱因斯坦时代还是现在，研究者的雄心壮志总是能超越时代的束缚，激励着研究者持续地超越自我，去努力探究世界的规律；然而，我们每个人——无论是今天的科学家，还是爱因斯坦那个英雄时代的科学家——又不可避免地被时空所限定，每时每刻都沉浸在追逐科学声誉中，期待着自己能成为科学史中的主角。

　　科学研究在时间和空间上受多个方面因素的影响。在个人层面上，无论是"孤独思想家"保罗·狄拉克，还是励志传奇斯蒂芬·霍金都以英雄主义的方式影响了科学发展的进程；从更大层面看，科学研究也深刻地受到来自机构调整和国际政治格局变化的影响。自从一个世纪前埃伦费斯特和爱因斯坦在布鲁塞尔传递他们有趣的纸条以来，世界发生了翻天覆地的变化，德国纳粹主义带来的世界大战，以及世界大战之后的"冷战"带来的核边缘政策危机，都戏剧性地改变着物理学和物理学家的故事。事后来看，我们可以看到，不仅每个人都逃不出时代的影响，而且人类探索自然的历史进程同样带着时代的烙印。

　　科学思想的发展是如何受历史进程的影响的？这一直是我感兴趣的课题。因此，我修了理论物理学和科学史两个不同学科的研究生学位。之后，我有幸加入麻省理工学院（MIT）任教，在那里，我教授这两门学科到现在已经 20 年了。鉴于此，我写作本书，是为了从科学家成长发展的视角，重塑过去一个世纪以来物理学曲折的发展历程。当时的研究者及其学生在那个时代中，何以能够自然地涌现出那么多令人惊讶的突破性研究？一代代的年轻物理学家是如何学会提问和评估结果的？这些方法又是如何在不同设定之间转变的？看上去是那么巧妙，同时又是巨大的飞跃，以及师徒传承和资源共享如何促进了学术的发展。这些都是我在英文书名中提到的"量子遗产"。其中，一些遗产是通过个人努力与科学共同体的优秀交流体现出来的；另一些遗产则通过充分利用新研究设备，如第一台电子、可编程计算机或 LHC（Large Hadron Collider）等粒子加速器体现出来的。我特别着迷于这种教科书般科研发展路径：目标明确，勇往直前，着眼未来，充分尊重新观点，充分利用新技术。追寻这些遗产，给了我反思自己教学的机会，我们该把什么样的遗产传给我们的学生呢？

本书中的部分章节，描述了物理学家们如何在饱受社会和政治带来的各种不确定命运时，仍在不懈地追寻自然世界中的不确定性。虽然本书时空跨度较大，但许多文章都是以"冷战"时期美国国内科学发展为中心。在那个时代，物理学家面临着前所未有的危机和机遇。与战后表现出的积极乐观的情绪相反，那时的人们常常被麦卡锡的红色恐惧所笼罩。大量的新科研设备为物理学家插上了翅膀——其中一些是"二战"军事项目中遗留的设备，另一些则由慷慨的联邦政府特别是其军事部门提供。大批热情的大学生涌入，使物理学成为美国高等教育中增长最快的学术专业。但随后出现了严重的逆转。一次发生在 20 世纪 70 年代初，由于越南战争加上"冷战"缓和和经济滞胀，以及大幅削减国防和教育开支；另一次则发生在 20 世纪 90 年代初，在苏联解体后，里根政府执政期间持续增加的第二波国防开支浪潮出人意料地迅速消失了。

不稳定的世界局势造成许多反转剧情，不久前还无人问津的学术领域忽然就可能变得炙手可热。1927 年在布鲁塞尔举行的会议上，爱因斯坦和埃伦费斯特还在会议桌上传递纸条，到战后，

图 0.3　在 20 世纪 70 年代末，粒子物理学家瓦尔·菲奇站在排列整齐的 10 年间出版的《物理学评论》的书堆中。（图片来源：罗伯特·马修斯的照片，由美国物理研究所埃米利奥·塞格雷视觉档案馆提供，《今日物理》收藏。）

物理学家则不得不适应完全不同的交流方式。《物理评论》杂志的美国主刊从 1951 年的 3000 页增加到 1974 年的 3 万多页。在我最喜欢的一张照片中，你能看到 1980 年获得诺贝尔奖的粒子物理学家瓦尔·菲奇（Val Fitch）与《物理评论》10 年间出版的杂志的合影，逐年迅速升高的杂志使菲奇冒着被砸伤的风险。

　　该杂志的编辑塞缪尔·古德斯密特（Samuel Goudsmit）曾向一位同事解释他和他的编辑团队如何试图适应这些变化。他写道，该杂志"不再像一家老顾客经常光顾的社区杂货店"，相反，"它已经变得更像是一个超市，而超市经理藏在顶楼的办公室里办公，因此，很多事情只是例行公事而不是靠个人的判断"。他的意思是在那个阶段，编辑部正在尝试一种新的计算机系统，该系统可以自动处理任务，将审稿人与提交文章类型进行匹配，跟踪审阅报告的进展，并记录作者的回复。[6]

　　效果是显而易见的。古德斯密特提到，在 20 世纪 50 年代中期，每期杂志都已经重得搬不动了。几年后，"我们早就超过了忍受极限，内容太多了，以至于用户只看自己领域的文章都看不完。"所以，当美国大多数专业物理学家仍然在订阅期刊时，就有几个人写信给古德斯密特抱怨杂志量太大：过期杂志已经塞满了他们的办公室所有的书架，甚至家里的壁橱空间也都被占满了。古德斯密特建议订阅者不要"为此事烦恼"，他建议只要从每期中撕下想要的文章，把剩下的文章扔掉就可以了。他提到："真的没有理由把 6 英尺高的《物理评论》放在家里。虽然可能有些人对破坏印刷文字感到反感。"但确实有些人接受了这种建议。一位加州理工学院的物理学家自豪地说，他把 1963 年的《物理评论》从两英尺厚减少到只占几英寸，只是他想知道，杂志能否换一种胶水装订，以便更容易撕下想要的文章。[7]

∶∶∶

当我整理本书时，我也同样遵循了古德斯密特的建议。毫无疑问，某些读者更喜欢书中部分章节，而另一些读者的喜好可能正好相反。在整理内容的时候，我更新了大部分内容并进行了一定的合并，而且，我试着将类似的文章放在一起，并且相互之间有所呼应，以此将本书分成四个部分。我希望本书能带给读者不同的感受，每篇文章既各自独立，各篇放在一起又能产生更多的体验，让读者转换成物理学家的视角，进入不断探索空间、时间和物质的旅程。就像往期的《物理评论》一样，它们给用户的印象比它们的内容更多姿多彩。

第一部分："量子"中的文章讲述了从 20 世纪 20 年代，经过 30 年代的黑暗时期，到核时代早期一些曲折离奇的转折，在这个阶段物理学家们对量子理论的理解还处在不稳定期。本部分以我的团队的努力而告终——先是在维也纳，最近是在拉帕尔马天文台——我们团队用优秀的创造力和实验工具，尽可能彻底地测试了量子纠缠，使得一个世纪之久的量子遗产终能更进一步。

第二部分："计算"，则侧重于在"二战"及之后的混乱期，美国的新一代如何——以及为什么——成为物理学家，以及其中的一些变化。"冷战"初期，美国许多国防分析家和决策者在仔细研究与苏联的不稳定对峙形势时，形成了一种新的计算方式。为了备战国防——万一"冷战"陷入超级大国之间的彻底战争——

这些分析家和决策者得出结论，美国需要更多训练有素、随时待命的物理学家，他们应该成为下一代像"曼哈顿计划"那样的大型项目预备人员。上述对知识分子在国防方面的需要，以及对"科学人力资源"的不懈呼唤，推动了招生模式和新生入学节奏的巨大转变。反过来，这些机构的变化又重塑了年轻的物理学家们计算的方式，以及他们解决量子理论的方式。

第三部分："物质"，我转向物理学家为了解电子、夸克和亚原子领域更短暂形态（如长期以来神秘莫测的希格斯玻色子）的世界所做的努力。在过去的半个世纪里，世界各地的物理学家们对亚原子粒子及其之间的力进行了非常成功的描述。"标准模型"是在量子理论框架内建立起来的，但它蕴藏着爱因斯坦和海森伯都没有预见到的概念上的惊喜。与此同时，高能物理学的发展特点继承了"冷战"时期的特殊遗产：在美国国内，政治优先和前所未有的联邦投资催生了一个异常增长的时代——物理学家建造了越来越大的机器，却在越来越小的尺度内探测物质。这种投资（以及支持它的政治论调）在20世纪90年代初苏联解体后不久就崩溃了。当这种"大科学"政治现实改变的时候，我正在读本科，在劳伦斯·伯克利国家实验室实习期间，他们为我提供了粒子物理学的速成课程。

第四部分："宇宙"，以最大的尺度探索了物理学家不断变化的空间和时间概念——现代物理学的另一大支柱相对论所描述的世界。物理学家们努力理解爱因斯坦的相对论，并用它来模拟我们整个宇宙的演化，正如他们过去一个世纪在量子理论方面的努力一样。这些努力已经使我们对宇宙和我们在宇宙中的位置有了不少惊人的见解，尽管这些见解让物理学家每一次将相对论和量子理论统一起来的尝试都沦为失败。如果爱因斯坦今天还活着，他可能仍会写一张纸条给他的朋友，嘲笑我们太天真了。

目　录

宇 宙

量子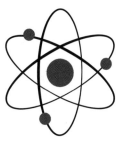

1. 量子的性格

好像只是一瞬间，物理学便从"传统"跨入了"现代"。从1905年阿尔伯特·爱因斯坦的狭义相对论到1925—1926年量子力学的发展仅用了20年。这两个物理学的里程碑中充满了引人入胜的故事。爱因斯坦的成就通常被认为是个人英雄主义的史诗篇章。而量子力学的创立却是一个全明星阵容，与其说是一部麦尔维尔（Melville）的《白鲸》（*Moby Dick*），不如说是海因里希·伯尔（Heinrich Böll）的《女士及众生相》（*Group Portrait with Lady*）[此处向玛丽·居里（Marie Curie）致敬]。

让我们来看一下这个全明星阵容：教父尼尔斯·玻尔（Niels Bohr）穿着像个银行家，却像先知一样喃喃自语。沃纳·海森伯，一个善于交际的巴伐利亚人，在任何政党中都如鱼得水，喜欢在清晨弹奏贝多芬钢琴奏鸣曲，或穿着皮短裤在山中漫步。年轻的法国贵族路易斯·德布罗意（Louis de Broglie），原本是一位研究文学和历史的年轻人，却突然出现，"肆无忌惮"地提出了物质波的概念。衣冠楚楚的奥地利人埃尔温·薛定谔（Erwin

Schrödinger）过着令人惊讶的波希米亚式生活，风流浪漫，他与许多年轻女士维持着一连串的绯闻逸事，以至于他的传记作者不得不在索引中为其列出"洛丽塔情结"名单，更匪夷所思的是，他与他的妻子一起抚养了他与他的一位助手的妻子生的孩子。最后，还有些喜欢恶作剧的年轻人：比如杰出的俄罗斯物理学家列夫·朗道（Lev Landau），以及尖酸刻薄的沃尔夫冈·泡利。[1]

量子力学的创造者们形成了一个关系紧密的社群。他们除了一起在玻尔的哥本哈根理论物理研究所做访问学者，或参加企业家兼慈善家欧内斯特·索尔维（Ernest Solvay）赞助的索尔维会议之外，也各自保持着通信往来，数以万计的信件被保存了下来。多年来，之后的学者们尽职尽责地清点、归档、制成缩微胶片并翻译这些信件，并把这些书信作为珍贵的原始资料认真地加以研究。[2]然而，后来的人们逐渐把注意力都集中在了几个量子物理学重要创立者上，比如，玻尔、海森伯、薛定谔、马克斯·玻恩（Max Born）等，市面上有很多他们的传记和长篇大论。很少有人关注到杰出的英国物理学家保罗·狄拉克（Paul Dirac），所有在玻尔的哥本哈根研究所访问过的奇才中，玻尔说沉默寡言的狄拉克是"最奇怪的一个"。[3]

作为一个年轻人，狄拉克曾梦想学习相对论。然而，当他1923年来到剑桥准备攻读博士学位时，这个专业已经不再招收学生了，于是，狄拉克被分配给拉尔夫·福勒（Ralph Fowler）——当时英国最杰出的原子物理学专家。当时，量子理论仍然只是个在探索中并不成熟的拼凑模型，此前的几十年，整个欧洲的物理学家一直专注于从微观尺度理解物质的努力。当时的方法是建立在已知的物理定律之上，比如将原子中的电子理解成类似太阳系行星的运动，然后，附加上这样或那样的特别规则，以防止其方程崩溃。

1925 年 9 月，狄拉克第一次发现了一种新的方法。沃纳·海森伯向狄拉克的导师福勒发了一篇新文章的样稿，福勒将样稿转交给了狄拉克，此时狄拉克正在布里斯托尔的家中度暑假，福勒附上便条："我很想听听你的意见。"[4] 这篇文章中，海森伯建立了一种新的量子力学理论，一种描述物质和辐射的第一性原理，而不是他老师那一代人传下来的修修补补的东西。海森伯相信，依靠从经典物理学中获取的直觉或模型是错误的。他认为，在原子核中运行的电子并不像围绕太阳运行的行星，电子的路径根本不可能准确观测到。他在这篇短篇论文的开篇中就宣称：最好的前进道路是构建一个新的理论，"在这个理论中，仅包含可观察的物理量之间的关系。"在海森伯的新构想中，离散数列取代了物理学家方程中通常的连续可变量，他用可观测到的量填充了他的数列，包括一些外部能量来源激发原子发出的光的颜色和亮度。[5]

在翻阅海森伯文章的证明时，狄拉克并没有关注开场谈到的——坚持只使用可观测物理量这一哲学挑战，反而是文章后面的内容引起了狄拉克的兴趣。海森伯新计划中的一些数列表现出奇怪的特点：它们的乘积取决于它们相乘的顺序，A 乘以 B 并不

图 1.1　保罗·狄拉克（左）与沃纳·海森伯，20 世纪 30 年代初。（图片来源：由美国物理研究所埃米利奥·塞格雷视觉档案馆提供。）

等于 B 乘以 A。与海森伯不同，狄拉克拥有纯数学学位：这种非常规的乘法规则使他想起了数学中的类似表达，而且可以表达得更先进、更优雅。比起海森伯关于只关注可观测物理量的突破性观点，这种数学的类比关系更能引导狄拉克的好奇心向前探索。9

个月后，他完成了论文，使用数学类比法重新梳理和概括了海森伯的工作。

那时，海森伯的量子力学解释方法并不是唯一的。1926年冬天，比海森伯和狄拉克大10岁的埃尔温·薛定谔独立地产生了一个新的解释方法，而且他的解释方法要保守得多（一点儿不像他的个人生活风格）。不同于海森伯使用的对大多数物理学家来说陌生的离散数学数列的方法，薛定谔借用了熟悉的波动学，这种理论原本用来描述池塘表面的水波或移动的警笛声等现象。海森伯和薛定谔双方因量子力学的解释方法而陷入了激烈的争论中。在一篇早期关于量子波动力学的文章中，薛定谔写道："我因为要陷在这种对比中而感到非常沮丧。"海森伯则在给朋友的一封信中说："他越想薛定谔的理论，就越觉得恶心。"[6]

狄拉克的论文为他赢得了奖学金，让他在1926—1927学年来到欧洲大陆。他的第一站是玻尔在哥本哈根的研究所。在那里，他不太理会同学和同事，自己一个人整天待在图书馆里，试图证明海森伯和薛定谔的方法在数学上是等价的。虽然其他人也提出了类似等价的独立证明，但最终大多数物理学家认为狄拉克的方法是最有力和优雅的。

狄拉克证明了一连串令人叹为观止的结论。在1927年1月离开玻尔的研究所之前，他把量子表达形式从原子领域扩展到光的范围，包括带电粒子与辐射的相互作用，从而创造了一个全新的物理理论。他称为"量子电动力学"（QED）。接下来，他开始修正海森伯和薛定谔的方程与爱因斯坦狭义相对论的一致性，使其即使物体在接近光速时也能保持自洽。1927年秋天狄拉克回到剑桥后（被选为圣约翰学院的研究员），他推导出电子的相对论方程，澄清了多年来一直困扰着物理学家的量子"自旋"概念。

1931年春天，在海森伯和泡利对狄拉克方程中奇怪的数学特征值不断的追问下，狄拉克大胆地预言了反物质的存在：反物质粒子与我们周围看到的普通粒子对应，质量相同，但电荷相反。在两年内，加州大学和剑桥大学的物理学家们做了大量实验，其实验数据支持了狄拉克的猜想。就此，狄拉克开创了有史以来最为精确的物理理论，用QED理论预测的数据与实验数据匹配度精确到了小数点后11位，两者的误差今天更是达到万亿分之一。[7]

对狄拉克来说，数学是美的，而美是通向真理最可靠的方向。"让方程式拥有美比让它们符合实验数据更重要。"他总是喜欢重复这句话（今天弦理论的支持者也会借用他这句话）。作为精准的坚持者，狄拉克形成一种优雅甚至极简的风格：同僚们时常抱怨说，他把他文章的单词都删没了。每当演讲结束，被问及如何证明他的观点时，他经常是逐字逐句地重复他之前说的话。他不断地打磨他公式中的数学符号——现在的物理学家普遍如此——以达到最简洁表达。他的风格完美地体现在他著名的教科书《量子力学原理》中，该书于1930年首次出版，出版后马上便成为一部经典著作。90年后，这本书仍在印刷中，仍备受尊敬。[8]

与科学史上一些不幸人物的命运不同，狄拉克的贡献很早就得到了广泛的认可，因此他飞速晋升，很快便成为知名教授。他在27岁时被选入皇家学会（更罕见的是，他在第一次提名时便当选）。1932年7月，就在他30岁生日的时候，狄拉克被任命为剑桥大学的卢卡斯数学教授——这个席位曾经属于艾萨克·牛顿，后来又是被斯蒂芬·霍金所拥有的至高无上的殊荣。他与薛定谔分享了1933年的诺贝尔奖，并且是诺贝尔奖最年轻的获奖者之一。虽然他不是作为一个物理学家完成他的成就，但他在量子理论和宇宙学方面的贡献影响了众多优秀成果的诞生，其中大多数工作是之后的物理学家完成的，他论文发表后的五年内成为有记录以来最辉煌、最深远的科学创造力爆发期。

在其他方面，狄拉克则比较晚熟。他似乎在30岁出头的时候才开始对政治感兴趣，那时他对"苏联经验"产生了浓厚的兴趣。20世纪30年代，他多次前往苏联，与著名物理学家合作。在一次纪念诺贝尔奖的宴会上，他发表了关于在全球经济危机中保护工人工资的重要性的现场演讲，令来宾们大为震惊。

1939年以后，他拒绝参与战争，尽管他的许多物理学和数学同事都支持这一事业。但他为"管合金"（Tube Alloys）项目——英国早期的核武器计划——进行过计算，并至少与德国出生的英国物理学家克劳斯·福克斯（Klaus Fuchs）进行了一次磋商，后者后来成为苏联间谍，在"曼哈顿计划"中从事间谍活动。但是，当洛斯阿拉莫斯实验室的科学主任罗伯特·奥本海默邀请狄拉克全职参与"曼哈顿计划"时，他拒绝了。

图 1.2　物理学家齐聚在哥本哈根的理论物理研究所，参加 1933 年的会议。前排，从左到右：尼尔斯·玻尔、保罗·狄拉克、沃纳·海森伯、保罗·埃伦费斯特、麦克斯·德尔布吕克和丽丝·迈特纳。（图片来源：诺迪斯克新闻，由美国物理研究所埃米利奥·塞格雷视觉档案馆提供，玛格丽特·玻尔收藏。）

　　狄拉克的左派同情主义在战后带来了一些问题。1954 年 4 月，在美国反共歇斯底里高潮时期，他被拒签进入美国。（这次事件正值奥本海默在美国原子能委员会人事安全委员会接受令自己难堪的审讯时，尽管奥本海默的案件当时仍是秘密的。）⁹近 20 年后，当狄拉克计划在美国退休定居时，他被禁止接受一些大学的教授职位邀请，因为他曾长期担任苏联科学院院士。

　　然而，与狄拉克个人生活的艰难相比，这些公开的挫折和尴尬是微不足道的，正如格雷姆·法米罗（Graham Farmelo）写的狄拉克传记《量子怪杰：保罗·狄拉克传》（*The Strangest Man*）（2009）中所写到的，在了解狄拉克个人生活的艰难困苦后，更显示出他的成功是多么杰出与难能可贵。1925 年秋天，在他接到海森伯样稿前 6 个月，他的哥哥费利克斯自杀了。他们二人都曾在布里斯托尔的商学院和布里斯托尔大学工程系工程专业学习；他们的父亲在邻近的中学教法语。[10] 年复一年，费利克斯看着弟弟在学术上不断超越自己，他们的父亲却很少关注费利克斯的需求，多次拒绝支持他学习医学。费利克斯自杀后，狄拉克将他的死归咎于他的父亲。

狄拉克的家庭一直很不幸。他冷酷而专制的父亲与母亲吵了几十年。法米罗通过一些家庭信件记录了狄拉克与父母的关系，狄拉克是他的母亲生活的唯一慰藉，是她生活的希望，她对他的小儿子有深深的依赖，但这似乎加深了狄拉克的自闭。在这个以绅士著称的国家里，狄拉克成了一个不寻常的沉默者。[在剑桥，"狄拉克"（Dirac）是一个测量单位，代表每小时只说一个单词。] 正如法米罗所说，"他是人们见过的有说话能力的人中用词最少的"。[11] 狄拉克在晚年解释说，他的父亲强迫他从小在餐桌上只能说法语，但由于缺乏语言天赋，他经常感到紧张难过，所以，他长大后觉得保持沉默是最好的选择。对狄拉克来说，吃饭总是让他紧张，这让他患上了严重的消化不良，他一生都受此折磨。

这样的家庭情况，加上狄拉克出名的怪异举止，不得不让人怀疑狄拉克在心理上是否存在问题。回顾性诊断是我们这个时代常用的一种消遣方式。比如几位学者认为，亚伯拉罕·林肯过于严肃且喜怒无常，是因为他患有临床抑郁症。艾萨克·牛顿的父亲在他出生前就去世了，母亲再婚后，在他 3 岁时就抛弃了他，所以他一生因缺乏童年安全依恋而性格怪僻——这来自弗兰克·曼努埃尔（Frank Manuel）在 1968 年写的传记《艾萨克·牛顿的肖像》（*A Portrait of Isaac Newton*）[12] 一书的总结。[这些诊断也不仅限于历史人物，我的妻子，一位心理学家，对俄罗斯伟大的小说作品经常嗤之以鼻。她说，如果拉斯柯尔尼科夫（Raskolnikov）能够定期服用适量的精神药物，《罪与罚》这本书也许就会有一个快乐的结局。]

法米罗在传记的结尾部分使用了相似的观点。他着重描写了一些自闭症相关的特征——对食物和噪声敏感，极度沉默和笨拙的社交能力，痴迷于一些神秘的话题等，每次法米罗都补充说，狄拉克出现上述情况可能不是巧合。最后，他得出结论："我相信，狄拉克这种孤独症患者的行为特征对于成为一名伟大的理论物理学家至关重要。"[13]

对于这样的观点，人们有很大的分歧。当然，法米罗确实挖掘了一手的、大量的狄拉克的家庭信件，但他对这些信件中的事实信息的判断，肯定不能等同于训练有素的心理医生的专业检查和问诊。还有一个被忽视的理论假设，即今天的精神病诊断能否超越时间和地点去使用？林肯同时代的人经常描述的"忧郁症"（melancholia，字面翻译为黑胆汁病）真的就是今天的"临床抑郁症"（clinical depression）吗？能按照今天的理解去解释过去的疾病吗？一个时代定义的神经错乱，可能在另一个时代只被解释为怪僻。[14] 美国精神医学学会的《精神疾病诊断和统计手册》（*Diagnostic and Statistical Manual of Mental Disorders*）作为精神病分类的行业标准，还会每隔几十年就大范围地调整条目中的解释内容呢，为什么有些人总要把天才跟心理疾病扯上关系呢？也许，这只是为了让我们自己的内心释然。难怪我们没能成为牛顿、林肯或狄拉克那样伟大的人，我们安慰自己，他们不是比我们聪明，是他们的大脑和我们的大脑不一样。

有意思的是，我们是否同意法米罗这种给历史人物下心理诊断的观点，其实取决于我们是否认同海森伯的观点：只关注可观测到的信息。毕竟，无论是"忧郁症"（melancholia）还是"自闭症"（autism），简单来说，似乎只是作者自己的观点。在法米罗的书出版四年后，《精神疾病诊断和统计手册》的编辑们就将"自闭症"（autism）改为了"自闭症谱系障碍"（autism spectrum disorder），随之而来的便是新的定义和诊断的改变。[15]

撇开心理诊断不谈，法米罗的书提出了一个不同以往的观点，即狄拉克的特殊思维定式对他的理论发展起到了重要的作用。量子理论形成近一个世纪后，狄拉克的理论仍然是科学家对自然最成功、最精确的描述。然而，这确实是一个奇怪的极简主义描述，使得物理学家很难作出选择，例如，对于一个特定的粒子，在给定的时刻，我们无法同时知道它在哪儿以及它要去哪里。狄拉克表述的严格性和简洁性以及他少言寡语的特点，直接影响了之后几代物理学家讨论量子世界的风格。尽管取得了惊人的成功，但量子力学给我们的感觉总是时而好像恍然大悟，最终还是让人晕头转向，一直保持着一副怪异的样子。这不正像极了狄拉克本人吗？

2. 既活又死——上帝不做选择

在量子理论的所有奇幻场景中，很少有比薛定谔的那只可怜的既不活也不死的小猫更为人所知了。它描述了一只猫被锁在一个封闭的盒子里，盒子里有一些放射性物质，如果放射性物质衰变，那么一个装置将检测到衰变并释放一把锤子，锤子会打碎一小瓶毒药从而杀死猫。如果放射性物质不衰变，猫就会活下来。薛定谔设计出这个可怕的思想实验，本来是要批评量子理论的荒谬性。根据量子理论，在任何人打开盒子检查猫之前，猫既没有活着，也没有死，它处在一个奇怪的、典型的生与死的叠加态。

今天，在我们喜爱喵星人的时代里，薛定谔奇怪的小故事常常被当作笑料，让人觉得滑稽而非忧虑，[1] 它也成了物理学和哲学领域众多难题的典型代表。而在薛定谔当时的时代，尼尔斯·玻尔和沃纳·海森伯宣称，处于叠加态的薛定谔的猫就是大自然的一个基本特征，而另一些人，比如爱因斯坦，则坚持认为大自然一定会作出选择，猫只能是活着或者死了，不可能既活又死。

尽管薛定谔的猫作为一种文化符号蓬勃发展到今天，但对此的讨论往往忽略了一个重要方面：薛定谔最初构思它的时代背景。面对迫近的世界大战、种族灭绝和德国土崩瓦解的精神生活，薛定谔在思想实验中加入了毒药、死亡和毁灭，这并非巧合。因此，薛定谔的猫带给我们的不仅是量子力学的奇思妙想，同时也提醒我们，科学家和我们其他人一样，有情感，也有恐惧。

: : :

薛定谔是在 1935 年夏天与阿尔伯特·爱因斯坦的交流中提出的这个思想实验。二人在 20 世纪 20 年代末便结下了深厚的友谊，当时他们都住在柏林。那时，爱因斯坦的相对论使他一举成名。他的科学研究生活总是被世俗打断，比如，国家联盟委员会的会议、犹太复国主义的演说等。薛定谔的原籍是维也纳，他 1927 年被任命为柏林大学的教授，仅仅一年后，他便提出了著名的量子力学的波动方程（现在简称为"薛定谔方程"）。他们有时一起在薛定谔家里享受维也纳香肠派对，有时一起于夏季在爱因斯坦家附近的湖面上游船。[2]

好景不长，他们的快乐生活很快就结束了，希特勒于 1933 年 1 月就任德国总理。当时，爱因斯坦正在加州帕萨迪纳拜访。趁他不在时，纳粹突然搜查了他在柏林的公寓和夏日小屋，冻结了他的银行账户。爱因斯坦不得不辞去普鲁士科学院的职务，并很快去了美国新泽西州的普林斯顿大学，成为普林斯顿新成立的高等研究院的首批成员。[3]

图 2.1 埃尔温·薛定谔正拿着烟斗和美酒享受休闲时光。（图片来源：照片由沃尔夫冈·法德勒拍摄，由美国物理研究所埃米利奥·塞格雷视觉档案馆收藏。）

　　薛定谔虽然不是犹太人，在政治上也比爱因斯坦低调，但在那年春天，当他看到纳粹举行大规模的焚书集会活动以及对大学教师实施的种族限制后，薛定谔接受了牛津大学的奖学金，于夏天离开了柏林。当年 8 月，他在路上写信给爱因斯坦："不幸的是，像大多数人一样，我最近几个月来一直没有平静的时间认真做任何事。"[4]

图2.2 1933年，纳粹在柏林的奥本广场举行焚书集会活动。（图片来源：伊马格诺，由盖蒂图片社提供。）

　　没过多久，他们之间的交流又逐渐频繁起来，曾经悠闲的漫步被横跨大西洋的书信所取代。在1933年中断交流之前，两位物理学家都为量子理论作出了巨大贡献，事实上，两人都因此而获得诺贝尔奖，但二人也都因为其他物理学家对他们方程式的不同理解而感到失望。例如，尼尔斯·玻尔坚持认为，根据量子理论，粒子在测量之前，在各种属性上都没有确定的值，就好像一个人在踩到秤上之前没有固定的重量一样。这样说来，量子理论似乎只能揭示各种事件的概率，而不像牛顿定律或爱因斯坦相对论那样可以提供坚实的预测。玻尔的论点未能说服爱因斯坦和薛定谔，现在虽然被海洋隔开，但通过信纸和邮票，他们重新投入到激烈的讨论中。[5]

1935 年 5 月，爱因斯坦与高级研究所的两位年轻同事鲍里斯·波多尔斯基（Boris Podolsky）和纳森·罗森（Nathan Rosen）发表了一篇论文，指出量子力学是不完备的。他们解释说："物体应该有实在的要素——准确的数值和属性，然而量子理论仅仅只给出了概率。"[6] 6 月初，薛定谔写信祝贺他的朋友发表最新文章，称赞爱因斯坦"公开要求那些武断的量子力学支持者们解释我们曾在柏林讨论过的那些课题"。10 天后，爱因斯坦向薛定谔回应说，"这场沉浸在认识论中的闹剧该结束了"——他们口中"闹剧"的出演者便是以玻尔和海森伯为代表的哥本哈根学派，他们都认为量子力学已经完美地解释了这个概率性的世界。[7]

这次交流让薛定谔的猫的思想实验萌芽。在之后给薛定谔的一封信中，爱因斯坦举了一个例子：有两个相同的盒子，其中一个盒子里面有一个小球，在打开盒子之前，在任何一个盒子中有小球的概率为 50%。"这是一个完备的描述吗？"爱因斯坦问道，"不，一个完备的描述应该是：球在（或不在）第一个盒子中。"[8]爱因斯坦坚信，在原子尺度上的完备理论应该能够计算出一个明确的值。对爱因斯坦而言，只计算概率意味着没有完成最后一步。

在薛定谔热情的鼓舞下，爱因斯坦进一步推演了他的这个想法，若是把物理学家们谈论的微观过程放大到宏观尺度会怎么样呢？在 8 月初写给薛定谔的信中，爱因斯坦设想了一个新的方案：想象一堆性质不稳定的火药，有可能在一年内爆炸或不爆炸。

他写道："原则上这很适合用量子力学的形式表示。"对于火药这一年内的情况，薛定谔方程的解释看上去合情合理，然而，如果这样，这时波函数 ψ（薛定谔在 1926 年引入量子理论的波函数）描述的便是一种既还没爆炸又已经爆炸了的混合状态。爱因斯坦在信中激动地表示，不仅仅是玻尔，所有物理学家都不应该接受这种无稽之谈，因为"现实中并不存在介于已爆炸和未爆炸之间的状态"。[9]他坚信大自然必定会在两者间作出选择，而物理学家也应该如此。

在当时，爱因斯坦其实也可以举出其他的例子来批判对量子概率的描述，但他特别选择了火药和爆炸，很可能意在反映当时欧洲日益恶化的局势。早在 1933 年 4 月，他就写信给另一位同事谈论自己对像希特勒这样的"病态煽动者"掌权的看法，信中说"我相信你知道我有多么确信事物之间是存在因果关系的"，量子和政治都一样。同年晚些时候，他在伦敦一个座无虚席的礼堂内，发表了有关"暴风雨中时代的闪电"的演说。他在给另一位同事的信中说，他惊恐地看到"正在秘密大规模地重整军备。工厂日夜不停地制造（飞机、轻型炸弹、坦克和重型武器）"——大量炸药正在静待引爆。到 1935 年，在与薛定谔就量子理论进行热情交流时，爱因斯坦公开宣布放弃他先前对和平主义的承诺。[10]

由于受到与爱因斯坦交流的启发，薛定谔开始撰写他自己的长论文——《量子力学的现状》（*The Present Situation in Quantum Mechanics*）。当收到爱因斯坦有关火药爆炸思想实验的信 10 天后，薛定谔回复了他想到的更新奇的想法：如果盒子里放的不是火药，而是一只猫呢？

薛定谔写道："在密闭的盒子里放一只猫、一个盖革计数器和少量的铀，因为铀的量非常少，所以在一个小时内，铀原子中有一个原子衰变和不衰变的概率各一半。如果衰变发生，通过放大继电器，会带动装置砸碎一瓶氰化物，残忍地毒死盒子里的猫。"与爱因斯坦的例子一样，薛定谔设想在预定的一个小时中，根据量子力学的理论，"猫生与死的状态是同时存在的"。爱因斯坦非常高兴，并在 9 月初回信道："你的猫实验说明我们的意见完全相同，既包含生又包含死的波函数 ψ 不能被用来描述现实的状况。"[11]

薛定谔收到爱因斯坦回信后没几个月，举世闻名的薛定谔的猫实验就在《自然科学》(*Die Naturwissenschaften*) [12] 杂志上刊登出来了，措辞几乎与信中完全一样。然而这篇论文差点在印刷之前夭折。就在薛定谔给该杂志投稿后的几天，创刊编辑、犹太物理学家阿诺德·柏林（Arnold Berliner）被解雇了。薛定谔本想要撤回稿件表示抗议，直到柏林本人亲自说情他才作罢。[13]

那年夏天，使薛定谔担忧的绝不仅是阿诺德·柏林受到不公的待遇。他对纳粹政权的厌恶已经表露无遗，在被迫逃离柏林的时候，他已经成为彻底的宿命论者。他在日记中写道："也许是我对这个世界了解得还不够多，或者我还没有准备好如何面对……"抵达牛津几个月后，一个来拜访他的朋友注意到，对形势的担忧加上背井离乡的压力让他每天都郁郁寡欢。1935 年 5 月，就在爱因斯坦、波多尔斯基和罗森的论文发表的同时，薛定谔在 BBC 广播做了一场 20 分钟的演讲，题为"自由的平等与相对性"，回顾了历史上多次"用绞架、行刑柱、刀剑和大炮对付德高望重的自由人"的政治迫害。[14] 伴随着法西斯进军的鼓点，难怪盒子里的球很快变成炸药、毒药以及令人毛骨悚然的生死计算。

他的论文发表时，薛定谔写信给玻尔，尝试让他和其他人解释量子力学的这些奇异的性质。薛定谔希望能与玻尔直接探讨这些问题，就像与爱因斯坦的交流一样。但是，那个时代对他们的影响越来越大。薛定谔写道："多么希望能像以前一样长期定居，清楚地知道自己接下来五到十年应该干什么。"[15] 然而，现实生活却只能在不确定的概率中不断地遭受打击。

当时的欧洲正陷入深深的黑暗之中。就在薛定谔发表猫和氰化物的实验几年后，纳粹的工程师们在毒气室中开始用同样的毒药（代号"Zyklon B"）展开了无情的屠杀。1942 年 3 月，在被关入集中营之前，《自然科学》杂志的前创刊编辑阿诺德·柏林自杀了——他的生命最终选择了残酷的确定性。[16]

: : :

多年之后，薛定谔很难设想出来，想要挫败量子力学的思想实验，最终却成为用来教授量子论的经典案例之一。量子力学的一个核心原则就是粒子可以存在于叠加态中，可以同时拥有两个相反的特性。尽管我们在日常生活中常常面对"非此即彼"的抉

择，而大自然——至少在遵从量子理论的描述中——是可以接受
"既此亦彼"的。

几十年来，物理学家已经成功地在实验室中实现了多个类似
"薛定谔的猫"的实验，实验将某种物质粒子转变为"既此亦彼"
的叠加态，并探测它们的相关属性。尽管薛定谔对此保留意见，
然而每一次实验结果都与量子力学理论的预测相一致。在最近的
一次试验中，我和我麻省理工学院的同事们就证明了中微子——
一种与普通物质相互作用非常微弱的亚原子粒子——可以在叠加
态下运动数百英里①。[17]

现如今，"薛定谔的猫"几乎闻名于所有的物理课堂内外，但
对于很多人来说，并不知道这只双重命运的猫还带着双重的讽刺
意味。很少有人知道薛定谔设计这个实验是为了批判而非解释量
子力学。也很少有人知道，在那个年代，"薛定谔的猫"还暗喻了
那个动荡的世界——一个奇怪的、充满威胁的、让人捉摸不透的
世界。

---

① 1 英里 =1.61 千米。——编者注

3. 中微子的"味道"

每一秒钟，一种看不见的粒子——中微子都会穿过 169 号公路上的车辆，奔向明尼苏达州东北部距加拿大边境一步之遥的麦金利公园。从芝加哥郊外巨大的费米物理实验室开始它们的旅程后，高速的中微子在明尼苏达州苏丹（Soudan）镇的一个地下矿井中撞上 5 吨重的钢板，激发出的带电粒子被敏感的探测器捕获。中微子在不到千分之三秒的时间内便完成了这一旅程，穿越了美国中西部 450 英里的距离。

中微子是自然界中的基本粒子。它们非常丰富，与宇宙中的原子之比大约是十亿比一。它们被认为是导致大质量恒星超新星爆炸的主要原因。中微子的物理特性为粒子物理学的构建提供了依据。然而，中微子是最神秘的粒子之一，这主要因为它们具有沉默的本性：它们不带电荷，几乎没有质量，所以它们与普通物质的相互作用极其微弱。每秒钟，你的身体每平方厘米有大约 650 亿个中微子穿过，但你从未感知它们的存在。

经过详尽的研究，物理学家已经确定了三种不同类型的中微子，它们与其他粒子的相互作用有微妙的不同。更奇怪的是，中微子可以在不同类型之间 "振荡"，在空间中穿越时，经常从一种类型转换成另一种类型。这一发现导致粒子的标准模型被大大扩展。最近，我和我的同事研究了中微子的微妙振荡，以探寻其中深层次的物质奥秘。

我们利用苏丹矿中中微子的探测数据，完成了量子力学有史以来最长距离的测试之一。特别是我们证明中微子在整个旅程一直处于一种 "叠加" 状态——这是 "薛定谔的猫" 的一个微缩版本。在整个旅程中，中微子并没有确定的状态，而是处在物理学家已知的三种中微子类型的叠加态，这完全符合经典量子力学。只有当中微子在苏丹地下被测量时，它们才会突然进入一种或另一种状态，就像薛定谔的猫一样，一旦观察者打开盒子看，死了还是活着，一定是其一。

因此，在几乎半个多世纪的岁月里，中微子已经从几乎探测不到的微小的奇异粒子，成为最基本的物理调查工具，从物理学家朝思暮想而得不到的猎物变成了物理学家的工具包。追溯这一转变时，我们看到了一个更大的故事：当物理学家正在探索奇异诱人的自然奥秘时，核时代的突然降临戏剧性地改变了故事的章节。

: : :

中微子的发现可以追溯到 20 世纪 30 年代，当时意大利物理学家恩利克·费米（Enrico Fermi）提出了第一个核现象理论：放射性衰变。为了使他理论中的计算达到平衡，以确保核反应之前的能量与反应后的能量一致——费米的同事沃尔夫冈·泡利（Wolfgang Pauli）提出了一种假设：存在一种新的、未被发现的粒子，它带走了一些能量。费米更充分地发展了这个想法，并称这个神秘粒子为中微子，或称"小中性粒子"，因为从理论上看它不带电荷。[1]

当时，费米和其他人都没有想到，如此微小的物质能够直接探测到。不久之后，法西斯主义在欧洲的蔓延使人们忽略了这些问题。当各国参战后，冲突各方的物理学家都被卷入了各自的绝密项目。与此同时，当意大利也开始引入纳粹的种族法之后，费米的家庭陷入危险之中（费米的妻子劳拉是犹太人）。1938 年年末，他进行了一场类似《音乐之声》的逃跑计划，利用去斯德哥尔摩接受诺贝尔奖之际，离开欧洲，前往美国，在那里他成了"曼哈顿计划"的早期科学领袖之一。1942 年 12 月，费米在芝加哥的团队第一次试验了临界核反应状态下的受控核裂变。他们的反应堆设计在战争期间被迅速扩大，用以生产原子弹所需的钚。[2]

战争末期，物理学发生了巨大的变化。历史上最血腥的大战以广岛和长崎上空爆炸的核弹而告终。在整个战争期间，新墨西哥州洛斯阿拉莫斯仓促建造的实验室一直是"曼哈顿计划"的主要实施地点。[3]战后，该实验室继续致力于改进和扩大美国的核武库，成为物理学家们大展拳脚的场所。在这个新的环境中，第一次真正的中微子检测工作于 20 世纪 50 年代初在洛斯阿拉莫斯展开。

弗雷德里克·莱因斯（Frederick Reines）是洛斯阿拉莫斯实验室的年轻物理学家，是太平洋中部埃尼威托克环礁测试新武器小组成员。1951 年春末，他完成一系列核弹试验回来后，与当时正在实验室访问的费米讨论了中微子问题。莱因斯意识到，他和他的团队在埃尼威托克等地研究的地上核爆应该会产生巨大的中微子流，这么大的量应该会有少部分可以探测得到。[4]

莱因斯和另一位洛斯阿拉莫斯的同事克莱德·柯文（Clyde Cowan）说服实验室主任让他们在下次的核弹试验中进行检测。他们先在炸弹引爆地点附近挖一个又窄又深的洞。在里面，他们将放置一个 1 吨的探测器，仪器个头很大，他们给它起了个绰号为"埃尔蒙斯特罗"（El Monstro）。当核弹爆炸时，精密时序控制的电子装置会释放探测器，让它做自由落体运动，核弹发出的巨大冲击波这时会穿过地面。（如果他们把探测器固定在离爆炸太近的地方，冲击波会把它撕碎。）之后，冲击波过去后，探测器将降落在一堆羽毛和泡沫橡胶上。

在竖井的底部的探测器，会被核爆中释放出的中微子击中。探测器上装有敏感电子装置——一个装满甲苯溶液的大桶，甲苯是一种在油漆稀释剂中常见的有机化合物，它能够检测闪光。闪光表明，数千万亿个中微子中，有一个击中液体中的物质，并释放了一个正电子，即电子的反物质，正电子与电子湮灭又会发出

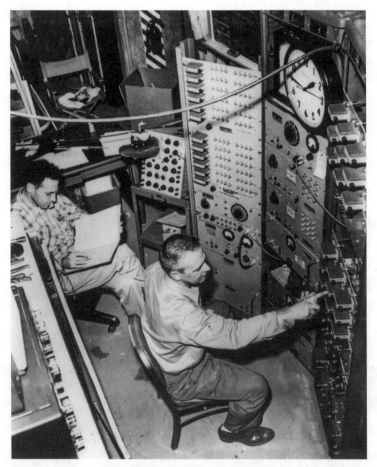

图 3.1 1953 年，弗雷德里克·莱因斯（左）和克莱德·柯文在华盛顿汉福德反应堆进行早期试验，试图探测中微子。（图片来源：加州大学欧文分校。）

能量，从而被检测到。物理学家们不得不为此等待好几天，直到表面危险的放射性完全消退，他们才能挖开 150 英尺的井，把探测器拉回地面，取出他们的仪器。[5]

在准备进行利用核弹的试验时，莱因斯和柯文意识到他们也可以用不那么麻烦的方式寻找中微子。通过对科学试验计划的调整，更好地排除假数据，他们就可以在核反应堆旁边安装装有液体的探测器，而不再依靠核爆了。两位研究人员在华盛顿汉福德，比费米的原始反应堆大得多的一座反应堆附近进行了一次初步试验，实验结果令人满意。之后的 1955 年秋天，他们在南卡罗来纳州萨凡纳河（Savannah River）的更新、更强大的反应堆安装了一个升级的装置。（萨凡纳河工厂是为了生产制造氢弹的原材料氚而建造的，氢弹的破坏力是原子弹的数千倍。）几个月后，莱因斯和柯文看到了微小的闪光，这次实验被物理学界认可——当然还有诺贝尔奖委员会——从此人们终于可以看到难以捉摸的中微子了。[6]

:::

费米的前助手布鲁诺·庞蒂科夫（Bruno Pontecorvo）饶有兴趣地关注着这一事态的发展。20 世纪 30 年代，庞蒂科夫以费米罗马团队最年轻成员的身份开始了他的职业生涯。（比他大的同事亲切地称他为"小狗"。）他沉浸在核物理学的奥秘中，包括费米关于放射性的新理论，以及关于中微子仍然若隐若现的理论。庞蒂科夫来自一个犹太大家族，他发现他很难在意大利立足。他逃离法西斯主义的过程比费米更富戏剧化，如果说费米的逃离过程像是《音乐之声》的情节，那么庞蒂科夫则是上演了一部《卡萨布兰卡》。他先是在巴黎获得奖学金，之后，在 1940 年 6 月一个恐怖的夜晚，当纳粹坦克开进城市的时候，他从郊外向南逃走。再往后，他从法国南部登上了开往马德里的火车，又转乘去里斯本的火车，最后乘轮船前往纽约市。[7]

到达北美后，庞蒂科夫很快便参与到"曼哈顿计划"中。他被分配到一支在蒙特利尔工作的英国特遣队，任务是建造一个与芝加哥的费米反应堆不同类型的核反应堆。战后，他来到牛津附近哈威尔（Harwell）的英国新核能研究院任职，继续他的反应堆研究。大约在那个时候，他提出了一个计划，试图检测从核反应堆中释放出的中微子流，他的这一设想比莱因斯和柯文早了几年。

两本引人入胜的书——西蒙妮·图尔切蒂（Simone Turchetti）的《庞蒂科夫事件》（*Pontecorvo Affair*）（2012）和弗兰克·克洛斯（Frank Close）的《半生》（*Half Life*）（2015）——记录了庞蒂科夫接下来的人生故事中的神奇曲折。他与费米和罗马团队的其他成员一起被提名为一项重要发明的发明者之一，这项专利技术可以通过减缓某些核粒子提高特定核反应的速度。事实证明，这项技术对核裂变的战时研究至关重要，无论是反应堆还是核弹。1935 年和 1940 年，该项专利分别在意大利和美国获得授权，却引起了不同的反响。[8]

1949 年，罗马团队的其他成员提起了要求进行专利技术赔偿的诉讼，诉讼的技术后来直接被广泛地用于庞大的美国核设施基础建设中。这项专利纷争引发了美国 FBI 的调查，调查员从庞蒂科夫的亲戚那里找到了大量的材料，而这个亲戚在意大利是公开的意大利共产党党员。几周后，庞蒂科夫在哈威尔的一位同事克

劳斯·福克斯（Klaus Fuchs）承认，在战争期间曾向苏联传递了
秘密。和庞蒂科夫一样，福克斯也是来自欧洲大陆的移民，曾作
为英国代表团成员参加过"曼哈顿计划"，就这样，这一团队突然
成为被调查对象。[9]

接下来的情节就像约翰·勒卡雷（Le Carré）的小说。1950年
9月初在意大利度假时，庞蒂科夫携带家人突然从罗马辗转慕尼黑
到斯德哥尔摩，然后前往赫尔辛基，在那里他们会见了苏联特工。
庞蒂科夫的妻子和年幼的孩子上了一辆车，庞蒂科夫爬进了另一
辆车的后备厢，他们秘密穿过森林进入苏联领土。几个小时后，
他们抵达列宁格勒；又在几天之内，被送到莫斯科。几个星期后，
英国和美国当局才得知此事。最后，美国国会原子能联合委员会
发表了一份厚厚的报告《苏联的原子间谍活动》，报告中认为庞蒂
科夫的叛逃情节虽不及福克斯的叛变行为，但比后来被处决的埃
塞尔（Ethel）和朱利叶斯·罗森博格（Julius Rosenberg）间谍活
动要严重。[10]

当英国和美国关于此事的新闻闹得满城风雨的时候，庞蒂科
夫早已在莫斯科郊外的杜布纳联合核子研究所站稳了脚跟。正如
秘密档案揭示的，根据当时对庞蒂科夫笔记本的审查，他至少在
一段时间内一直与苏联秘密地就核武器项目进行信息往来。庞蒂科
夫在苏联很快便开展起了基础研究，在得知莱因斯和柯文的发现
后，他的思想又回到他长久以来的最爱——中微子——上来了。[11]

1957年，庞蒂科夫在苏联的核心物理杂志上发表了一篇文章，

图 3.2 1955 年 3 月，布鲁诺·庞蒂科夫与家人叛逃到苏联后，在莫斯科街头漫步。（图片来源：赫尔顿档案馆摄，由盖蒂图片社提供。）

指出中微子可以在不同的类型或"味道"之间振荡。（该杂志最近开始翻译成英文，部分由中央情报局秘密负责。）[12] 他在之后的一系列论文中细化了这一观点，根据量子理论可以推论：中微子应该处在叠加态中，不是处在任何一种确定的"味道"中，而是同时处于至少"味道"的叠加态（他当时只考虑了两种中微子）。当物理学家进行测量时，只能得到一种"味道"状态下的中微子。

但在不观察的时候，中微子不会有固定的状态，它们处在一种不确定的统计状态中，是一种"混合口味"。[13]

量子世界与人类世界有着鲜明的区别。当麦卡锡时代的调查人员询问"你现在和过去的身份"时，你很难回答一个模棱两可的答案。[14] 而庞蒂科夫的传奇性在于，他可以迅速在不同的身份之间切换，从费米罗马团队的年轻"小狗"，一眨眼变成克格勃的"布鲁诺·马克西姆·维切·庞蒂科夫院士"。

最早从庞蒂科夫的理论中获益的是物理学家对太阳的理解。太阳的核心是一个巨大的核反应堆，物理学家可以通过核物理理论来精确地预测地球上能探测到的来自太阳的中微子数量。然而，通过莱因斯和柯文的测试方法进行实验后发现，其实验结果中来自太阳的中微子数量仅为预期数量的 1/3 左右。在 20 世纪 60 年代末，美国和苏联之间关系缓和时期，庞蒂科夫能够直接与西方同事分享他的最新想法。他现在计算出中微子应该在三种不同的"味道"之间振荡。如果是这样，那么实验者一直以来用太阳中微子探测器记录到的中微子数量只是一种中微子的"味道"，之后多年更多的数据证实了这种猜想，并最终说服了怀疑论者。[15]

太阳中微子读数只提供了中微子振荡的间接证据。下一个挑战是试图抓住直接的证据。世界各地的研究团队建造了越来越大、深埋于地下的探测器，比莱因斯和柯文的最早设计大上千倍。在 20 世纪 90 年代末到 21 世纪初，日本超级神冈（Super Kamiokande）探测器和加拿大安大略省萨德伯里中微子天文台

（Sudbury Neutrino Observatory，SNO）的团队分别收集到了中微子振荡的令人信服的证据。振荡的存在表明，中微子不可能是无质量粒子，正如量子理论曾经预测的那样。但中微子质量的来源和性质仍然是物理学中一个重要的、持续的、尚待探索的领域。物理学家还在探索自然界中是否就只有三种"味道"的中微子。如果能够找到三个"味道"之外的中微子，那将证明目前的粒子物理学标准模型是不完整的，而标准模型 40 年来已经成功地预测了每一次基本粒子的实验。

2015 年 10 月，SNO 和日本超级神冈探测器两个研究团队的领导者亚瑟·麦克唐纳（Arthur McDonald）和梶田隆章（Takaaki Kajita）获得了诺贝尔物理学奖。3 周后，一年一度的基础物理学突破奖授予了两个团队近 1400 名物理学家，他们分享了 300 万美元的奖金。[16] 我在麻省理工学院的朋友和同事——约瑟夫·福尔马乔（Joseph Formaggio），也是一名 SNO 的成员，他用分得的奖金买了一瓶平时舍不得买的好酒。

今天，对中微子的研究似乎比以往任何时候都更令人欢欣鼓舞，因为它给物理学家提供了一条可能超越标准模型的路径。就这样，当约瑟夫建议我们在中微子领域另辟蹊径，寻找突破时，我根据自己的兴趣找到了另一个方向：检验量子理论的核心原则。

早在 20 世纪 50 年代，庞蒂科夫就提出，中微子"味道"切换的方式与薛定谔半死半活的猫非常相似。如果是这样，那么中微子振荡便可以提供一个强有力的方法来探索量子叠加的正确性。约瑟夫意识到，我们可以分析中微子"味道"的混合是如何随着粒子的行进而变化的，并研究最终在测量时，是如何变成一种味道的。约瑟夫和我，加上两位了不起的学生——本科生泰利雅·维斯（Talia Weiss）和研究生梅科拉·穆斯基（Mykola Murskyj），我们开始行动了。

庞蒂科夫的中微子振荡理论完全基于量子叠加的概念，与最新的实验数据非常匹配。但我们想知道：同样的数据能与另一种理论兼容吗？也许，一种更像是爱因斯坦和薛定谔所秉持的理论——这种理论中，没有叠加态，粒子在每时每刻都拥有明确的特性——也可以同样好地解释数据。约瑟夫的重要见解是，如果中微子真的受到量子叠加的支配，如果中微子在空间传播中是"既此亦彼"而不是"非此即彼"的状态，那么如果有两组中微子，一组已经明确知道了是某种"味道"的中微子，另一组是在多种"味道"中振荡的中微子，那么在发射量相同的情况下，探测两组某种"味道"的中微子的数量应该不一样。

虽然我们的分析变得有点儿巴洛克风格，但从本质上讲，它只需要一个简单的观察。根据量子力学，探测到特定味道的中微子的概率呈波动样分布。一种中微子"味道"的波与另一种"味道"的波略有频率上的不同。对于处于叠加状态的中微子，这些不同的波可以相互干扰。在中微子行进的某个时间点，各个概率波的波峰相等，而在另一些时间点，某种"味道"的波谷可能会抵消另一种"味道"的波峰。[17]

　　所有这些都是可测量的。当波峰相遇时，可检测到特定"味道"的概率上升；当低谷抵消波峰时，这种概率就会下降。此外，干扰模式——那些波峰与波峰叠加的最高点——是否会随着中微子的能量而变化？如果按照不存在叠加态的理论，也就是爱因斯坦和薛定谔所坚持的理论，则不应出现这种干扰模式。我们计算了预测的中微子数量的不同模式，当中微子在能量变化时，应该以给定的味道来检测中微子的数量，这取决于中微子是否以叠加状态旅行。然后，我们将这些计算结果与 MINOS（Main Injector Neutrino Oscillation Search）的数据进行了比较，本实验自 2005 年开始以来，中微子束持续从费米实验室发射向明尼苏达州的苏丹矿。

　　根据量子力学计算的结果与 MINOS 得到的数据完美匹配，同时，与爱因斯坦的理论版本并不相符。即使考虑到实验过程中统计误差可能影响到实验结果，我们发现，中微子行为符合爱因斯坦理论的概率也小于十亿分之一。[18]

　　量子叠加效应通常只表现在几十到几百纳米的极短距离上，但我们的实验在 450 英里的距离上证明了这一无误的量子特性。这也许仅仅是一个开始。对于检测来自太阳的中微子，我们现在拥有了顶尖的实验站，如南极的冰立方中微子观测站，现在可以探测到自大爆炸以来已经在宇宙中旅行了几十亿年的原始中微子。也许像这样的中微子，已经穿越了整个宇宙，正等待着揭开其神秘的量子叠加面纱。这样，我们就可以在广阔的宇宙空间范围内测试量子理论的这一中心法则了。

　　同时，通过探索中微子振荡的奇特性质，我和我的同事发现，虽然量子理论看上去是一个奇异的世界，但它是可以预测常规世界的。有意思的是，中微子从费米实验室到苏丹矿的旅程与庞蒂科夫传奇旅行的距离大致相同，从罗马到巴黎，或者从赫尔辛基到莫斯科。所以，在这样的距离上，我们可以自信地说，世界真的是被量子叠加所支配的。

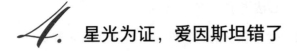

4. 星光为证，爱因斯坦错了

　　位于维也纳市中心的奥地利国家银行总部是个非常安全的地方，在这栋大楼的地下室中，员工们日常进行着对欧元的成品检测。然而，2016 年 4 月的一个晚上，银行的另一个区域也进行了另一项检测。一群年轻的物理学家带着临时证件和灵敏的电子设备，上到大厦顶楼，他们组装了一对望远镜。其中一架望远镜朝向天空，对准了银河系中的一颗遥远的恒星；另一架则指向城市，寻找从几个街区外的屋顶发出的激光束。然而，对于所有的天文设备来说，它们真正要寻找的猎物要小得多。在那里，他们正在准备一场验证量子理论的新实验。

　　很难夸大量子物理学的奇异性。就连爱因斯坦和薛定谔这两位理论的主要创立者，最终也觉得该理论太怪异，还不完全正确。首先，不像牛顿物理学和爱因斯坦相对论可以解释苹果下落或星系的运动，量子理论只提供了各种结果的概率，而不是确定的预测。其次，爱因斯坦反对量子理论将现实世界中的物体视为一种可能性——既有也没有，或者就如薛定谔著名的猫那样，既活着又死了。最奇怪的则是薛定谔所说的"纠缠"，在某些情况下，量子理论的方程意味着一个亚原子粒子的行为与另一个粒子的行为有关，无论另一个粒子在房间隔壁，在地球的另一端，还是在仙女座星系中，都是如此。确切地说，它们之间不是通过任何媒介传递信息，而好像是瞬时的效应，但爱因斯坦已经证明，没有什么比光传播得更快了。在给朋友的一封信中，爱因斯坦将纠缠斥为"超距的怪异行为"——更像是鬼故事而不是可敬的科学。[1] 但这些方程又如何解释呢？

物理学家在试图阐明他们理论中最奇妙的部分时，经常会用双胞胎举例子。例如，爱因斯坦的相对论引入了所谓的双生子佯谬，它预测接近光速旅行可以使一个人的时间比他的双胞胎兄弟或姐妹要过得慢。[薛定谔对双胞胎的兴趣则相当不学术，他的兴趣主要在荣格姐妹（他的情妇）身上，她们当时的年龄只有薛定谔的一半。][2] 我是一名物理学家，我确实有一对双胞胎孩子，我发现在试图思考量子纠缠的奇妙特性时，想想她们倒确实非常有帮助。

∴ ∴ ∴

让我们看一下，有这么一对量子双胞胎埃勒里和托比。想象一下，在同一时刻，埃勒里走进马萨诸塞州剑桥的一家餐馆，托比则走进远在英国剑桥的另一家餐馆。她们在菜单中点了些菜，便开始享受美味。之后，服务员过来为她们提供甜点，埃勒里可以选择布朗尼和曲奇，她对两者并没有偏好，所以她便随机选择了一个；托比跟她姐姐一样没有偏好，也随机选择一个。两姐妹都非常喜欢她们各自的餐馆，所以她们下周又来了。这一次，当她们的主菜结束后，服务员提供了冰激凌和冰酸奶。这次双胞胎仍然很开心地进行了随机选择。[3]

在接下来的几个月里，埃勒里和托比经常去这两家餐馆，在曲奇、布朗尼、冰激凌或冰酸奶之间漫无目的地选择着。当她们聚在一起过感恩节时，她们看上去都胖了。她们比较了一下各自的日记，发现了一个关于她们选择模式的惊人之处。事实证明，当美国和英国的服务员提供的是烘焙食品时，这对双胞胎通常会选择相同的东西——一个布朗尼或一块曲奇；而当服务员提供更多食品时，托比倾向于在埃勒里点布朗尼时点冰激凌，反之亦然。然而，不知道什么原因，当她们都要冷冻甜点时，她们往往会作出相反的选择——一个人如果点了冰激凌，那另一个肯定点冰酸奶。托比点什么的行为似乎决定了埃勒里点什么，相隔着大洋的两姐妹，这种选择模式确实有些奇怪。

爱因斯坦认为，粒子有其自身的明确特性，与我们是否选择去观测的行为无关。正如他曾在普林斯顿月光下与同事漫步时说的名言：你是否真的相信，只有当有人碰巧看的时候，月亮才会出现在天空中？[4] 爱因斯坦同样坚定地认为，局部行为只能产生局部影响。换句话说，在描述我们的量子双胞胎时，爱因斯坦会坚持说，不管服务员碰巧给埃勒里提供了什么类型的甜点，托比每天晚上都有明确的甜点偏好。毕竟，由于没有信息能比光传播得快，不言而喻，只要这对双胞胎相距足够远，那么埃勒里的决定就无法影响托比的行为。如果相对论确实决定了 A 对 B 的影响的绝对速度限制，那么托比在去餐厅时就没有机会根据埃勒里的行为信息去改变她的甜点订单。

1964 年，爱尔兰物理学家约翰·贝尔（John Bell）确定了爱因斯坦世界和量子世界之间的统计阈值。[5] 根据贝尔的研究，如果爱因斯坦是对的，那么对于粒子对的测量结果应该可以支持其结果，又或者说，应该会对托比和埃勒里的甜点订单的关联频率有严格的限制。但如果量子理论是对的，那么其相关性应该发生得更频繁，关联频率会更高。在过去的 40 年里，科学家们已经对贝尔定理的边界进行了多次测试。不是用埃勒里和托比，他们使用的是特别准备的粒子对，如光子。代替服务员记录甜点订单的是可以测量某些粒子物理属性的仪器，比如：光的偏振——可以使光的电场振荡相位相垂直的两个波的某一个相位通过。迄今为止，每一个已发表的实验最终都与量子理论的预测相一致。[6]

然而，从一开始，物理学家就认识到，他们的实验存在着一些漏洞，这些漏洞原则上可以解释观测到的结果，同样可以证明，也许量子理论是错误的，纠缠也许只是一种幻想。一个漏洞，被称为"定域"，涉及信息流：在实验的一端测量完成之前，实验另一端的粒子或测量它的仪器是否向它发送了某种信息；另一个漏洞与统计有关：如果被测量的粒子由于某种原因表达出一种差异化的结果，在成千上万数据中能够发现这些不一样的结果吗？多年来，物理学家们已经找到了解决这些漏洞的巧妙方法，从 2015 年开始，几个漂亮的实验已经成功地同时解决了这两个漏洞。[7]

但还有第三个漏洞，贝尔在最初的分析中忽略了这个漏洞。它被称为选择自由的漏洞，指的是过去发生的事件是否干扰和影响正在进行的测量，从而影响纠缠粒子的行为？正如在我们的类比中，提供甜点的行为与埃勒里和托比的选择行为。如果这对双胞胎事先知道向托比提供烘焙食品或冷冻食品的顺序，那么她们就可以制订一个计划，这样她们的甜点订单就能违反原来的模式。（正如薛定谔本人在 1935 年评论的那样，如果一个学生能够提前收到考卷的答案，那他就不会对自己成绩得到 A 而感到惊讶。）[8] 定域漏洞假设了埃勒里和托比的服务员可能会相互沟通餐厅提供各种甜点的信息；而选择自由的漏洞假设某些第三方可以事先猜到服务员会提供的选择，或者可能以某种力量影响服务员的行为，我和我的同事着手解决的就是这一漏洞。

: : :

2012 年秋天，我开始思考选择自由漏洞。最近，我阅读了一本早期有关贝尔定理的书，并开始在实验室中检验量子纠缠，此时，这个主题还没有进入物理学家主流领域。[9] 研究完有关贝尔定理的书之后，我开始与麻省理工学院的一位新的博士后研究员安迪·弗里德曼（Andy Friedman）合作，我们的计划是共同关注早期宇宙的各种理论模型，试图解释宇宙在大爆炸阶段的行为。当安迪刚在麻省理工学院安顿下来后，安迪和研究生院的朋友杰森·加里奇奥（Jason Gallicchio）在哈佛广场共进了晚餐。杰森的新办公室比我们的远一点儿：他已经开始与南极望远镜（South Pole Telescope）合作，不久将被派往南极洲，担任空间站的"过冬"科学领袖。（天文学家喜欢拿在极地过冬开玩笑：你只需要工作一晚，在极点，那晚正好持续6个月。）

在离开剑桥前往南极洲之前，杰森一直在思考宇宙空间，以及天文学家和宇宙学家近几十年来关于时空结构的一切知识。对人类来说，光速是如此之快——时速近7亿英里，然而，我们的宇宙是如此之大，而且已经膨胀了这么久，天文学家们的工作是仔细测量和观察夜空中微弱的星光，这些星光来自非常非常遥远的星体，这些星光穿过几乎整个宇宙才到达我们这里。

那晚，杰森和安迪对着汉堡陷入沉思：我们能否以某种方式，在宇宙的宏观尺度上来检测量子理论？如果我们对来自遥远星体的光进行观测，并利用这一观测结果，来决定对地球上的一对纠缠粒子的观测。在这种情况下，埃勒里和托比的服务员就不是在厨房里通过掷硬币来确定提供哪种甜点了，而是根据很久以前和很远的事件来决定甜点。在服务员等待埃勒里和托比下单的时候，厨房里的硬币可能被一些隐藏的机制（隐变量）所影响，但天文信号不同，它来自宇宙的另一端。

安迪知道我对贝尔定理和宇宙学感兴趣，他向我分享了他与杰

图 4.1　2014 年 10 月，在麻省理工学院附近的一次工作午餐期间，"宇宙贝尔"的合作团队成立。从左到右：安迪·弗里德曼、杰森·加里奇奥、安东·蔡林格和大卫·凯泽。（图片来源：团队收藏的照片。）

森的头脑风暴，很快我们三人就开始一起工作了——安迪现在在我麻省理工学院办公室的隔壁，而杰森则位于世界的另一端。[10]我们最大的幸运是，在我们的论文中提出了对贝尔不等式进行实验检测的新方案。也许是偶然的——也许多亏了纠缠的微妙设备——奥地利物理学家安东·蔡林格（Anton Zeilinger）恰好在这期间访问了麻省理工学院，并做了一场物理学报告。在他非凡的职业生涯中，蔡林格设计并进行了许多巧妙的实验，测试了量子力学中一些最奇怪的、最引人入胜的特性，包括贝尔不等式。[11]

在蔡林格访问期间我们很快展开沟通，安迪和我向他提出了我们的想法：使用无关联的天文随机性粒子来进行贝尔不等式的测试。经过长时间的交流，安东欣然接受。他和他的团队最近在维也纳刚完成了一个关于选择自由漏洞方面的重要实验，更加认同了我们这个奇妙的思路。[12] 不久，我们共同组建了一个团队：我们的"宇宙贝尔"合作团队诞生了。

: : :

我们于 2016 年 4 月进行了第一次实验，实验在薛定谔的家乡维也纳的三个地点。量子光学和量子信息研究所的蔡林格实验室为我们提供了带有纠缠光子的激光。托马斯·谢德尔（Thomas Scheidl）和他的同事们在北边大约 3/4 英里的地方，在两座大学教学楼里架设了两台望远镜。一个是瞄向研究所，准备接收纠缠的光子，一个是瞄向相反的方向，固定在夜空中的一颗星星上。在研究所南面几个街区的奥地利国家银行，由约翰内斯·汉德施泰纳（Johannes Handsteiner）率领的第二支队伍，配备类似的设备；他们的第二台望远镜，那个没有指向研究所的望远镜，则指向了南方。

我们小组的目标是检测纠缠粒子对，这个过程中，我们要确保在对该粒子对的其中一个进行测定时，不能影响到另一个粒子。汉德施泰纳的目标恒星距离地球约 600 光年，这意味着他的望远镜接收到的光已经飞行了 600 年。我们通过仔细挑选，选择了这

图 4.2　约翰内斯·汉德施泰纳在奥地利国家银行顶楼安装设备，为 2016 年 4 月的第一次"宇宙贝尔"测试做准备。窗边的望远镜会从银河系中的一颗明亮的恒星收集光线，而大厅另一侧的设备将探测和测量从安东·蔡林格实验室屋顶发出的穿过夜空的纠缠光子对。（图片来源：照片由塞伦·温格罗夫斯基拍摄。）

颗恒星，保证它在几个世纪前发出的光首先到达汉德施泰纳的望远镜，之后再到达蔡林格实验室或谢德尔的大学站点。（这样，埃勒里的服务员只能根据离地球 4 万亿英里外的信息来作为提供甜点的选项了，从而确保埃勒里、托比和托比的服务员都不可能事先得知其信息）。谢德尔小组的目标星距离地球有两千光年的距离，两个团队的望远镜都配备了特殊滤波器，可以非常快速地区分出比参考波长更红或更蓝的光子。如果汉德施泰纳的星光在某一瞬间更红，那么他的站点上的仪器将对经过蔡林格实验室发出的成对纠缠光子中的一个进行测量；如果汉德施泰纳的星光在某一瞬间更蓝，那么将对另一个进行测量。谢德尔的站点也是如此。根据对星光的观测结果，两边的探测器设置为每隔几百万分之一秒就调整一次。[13]

通过将汉德施泰纳和谢德尔的站点设置得足够远，我们算是堵住了"定域"漏洞，同时，我们也解决了"选择自由"漏洞。（不过，由于我们只检测从蔡林格实验室发出的所有纠缠粒子中的一小部分，我们不得不假设我们测量的部分光子可以代表全部样本。）那天晚上我们进行了两次实验，将恒星望远镜瞄准一对恒星3分钟，然后再瞄准另一对3分钟。在每种情况下，我们检测到大约10万对纠缠的光子。所有实验的结果都与量子理论的预测非常一致，而远超过贝尔不等式的许可程度。[14]

对于这一结果，爱因斯坦思想的追随者会如何反应？或许会质疑我们抽样假设的误差，或者归因于一些独特的、未知的机制利用了"选择自由"的漏洞，使得一个接收站向另一个接收站传递了某种信息？我们不能完全排除类似奇怪的质疑，但我们可以严格限制它。如果要用量子力学以外的一些解释来解释我们的实验结果，那就必须保证解释的假设机制能够协调所有实验测量的装置和结果，并且必须要在我们的团队观测到当晚的星光之前就起作用。为了让很久以前和很远距离外的事件成为触发接收站测量选择的来源，我们对维也纳的实验在先前的基础上又进一步改进，使得漏洞的可能性缩小了16个数量级，即1000亿倍。当汉德施泰纳的小组观察到的星光从恒星发出时，那是在 600 年前，那时圣女贞德还很年轻，她那时候还被朋友称作乔安妮。

: : :

从人类的角度来看，600 年是一段很长的时间，但在宇宙史上仅仅是一瞬间。毕竟，我们可观测到的宇宙已经膨胀了近 140 亿年。根据我们在维也纳试验中的结果，安东为我们小组争取了宝贵的使用拉帕尔马的望远镜的时间，拉帕尔马的加那利群岛上的罗克·德洛斯·穆查乔斯天文台拥有世界上最大的光学望远镜。当时我们在维也纳的实验中只能使用廉价的业余望远镜，在安东访问麻省理工学院期间，安迪、杰森和我在《天空和望远镜》杂志封底广告中看到了我们第一次测试真正所需的设备——那个拉帕尔马的大家伙，这个巨大的望远镜的每一个镜片直径都可达 4 米。如此巨大的光聚面，使它可以收集到更遥远的物体发出的更微弱的光线。

我们的使用机会是在 2018 年 1 月。拉帕尔马的望远镜在专业天文学家中使用率非常高，而我们小组需要同时使用其中的两台望远镜，以便协同观测。给予我们的时间窗口是在大多数天文学家使用相对淡季时，我们很快发现了原因：我们最初安排的几个观测之夜都被冻雨和冰冻耽误了。其实，在我们观测的第一个晚上，专业望远镜操作员就警告我们：如果我们不马上离开山顶，撤退到天文台总部（海拔稍低），届时下山的道路将变得无法通

图 4.3 拉帕尔马的罗克·德洛斯·穆查乔斯天文台的两台大型望远镜。左边这个便是伽利略国家望远镜，我们的小组在 2018 年 1 月的宇宙贝尔观测中使用了它。（图片来源：照片由梁凯文摄。）

行，而我们租的车并没有防滑链。尽管如此，在天文台的最后一个晚上，我们幸运地遇上了一段好天气，两台望远镜完美的表现，使我们能够对来自两个不同的类星体的光进行实时测量，那可是两个可怕的拥有巨大黑洞的原始星体，我们当晚观测到的光是它们分别在 80 亿年和 120 亿年前发出的。

与我们在维也纳的测试一样，我们用激光生成了一对纠缠的光子，这对光子在山顶上的一个临时实验室里生成，并分别向 0.5 千米外的巨大的望远镜发射。[15] 当纠缠的光子飞行时，每个接收点

图 4.4 2018 年 1 月，宇宙贝尔团队成员在拉帕尔马天文台的威廉·赫歇尔望远镜 (William Herschel Telescope) 控制室中讨论观测方案。安东·蔡林格背对镜头坐着。其他人分别是（从左到右）克里斯托弗·本（Christopher Benn）（倾斜）、托马斯·谢德尔、阿明·霍克赖纳（Armin Hochrainer）和多米尼克·劳奇（Dominik Rauch）。（图片来源：作者照片。）

的快速反应设备正接受来自遥远类星体的光，并根据观察到的类星体光的颜色，对其纠缠光子对中的一个或另一个进行测量。正如量子理论所预测的那样，我们再次发现了"奇异"的相关性。这一次，如果还有任何可能利用选择自由漏洞来影响测量相关性的非量子力学机制的话，也至少必须在 80 亿年前就要启动，也就是说，这远在地球出现之前。[16]

: : :

　　像我们这样的实验，充分利用了自然界中最大的尺度来测量其最微小的、最基本的现象。除此之外，我们的探索还有助于增强下一代技术设备的安全性，例如量子加密，这种技术可以利用量子纠缠来防范黑客和窃听者。

　　对我来说，最大的动力仍然是探索量子理论的神奇奥秘。量子力学所描述的世界与牛顿物理学或爱因斯坦相对论的世界有着根本性的不同。事实上，量子理论似乎推动我们向着世界随机性和偶然性的本质方向探索——就像我们对历史的研究一样。散落在空间和时间的历史事件是按照一些宏伟而隐藏的计划展开的吗？还是我们一直在跟随着随机发生的事件，被不确定性所决定？如果埃勒里和托比的甜点菜单依然呈现出奇异的相关性，我想知道背后的原因。

计算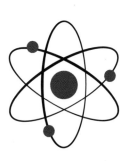

5. 从黑板到炸弹

    1945 年 8 月 6 日清晨，蘑菇云隆隆升起，在闷热的广岛市上空挥之不去。3 天后，同样的云又出现在了长崎市的上空。这是第一次，也是迄今为止唯一一次，核武器被用于战争。核弹投下几天后，日本投降，第二次世界大战结束。

    这场战争对科学家和工程师进行了空前的动员，也成为科学技术与国家关系的转折点。到战争结束时，代号为"曼哈顿计划"或"曼哈顿工程"的盟军核武器项目已经招收了 12.5 万人，分布在美国和加拿大的 31 个秘密基地。田纳西州橡树岭的同位素分离厂有一个城市街区那么大；华盛顿汉福德的核反应堆设施则动用了 5 亿多立方米的混凝土。盟军在雷达方面的研发，作为最高机密，在战争期间同样进行了大规模的投入。[1]

    当两颗核弹戏剧性地迅速结束战争后，"物理学家的战争"成为战后大家讨论的焦点。例如，1949 年，《生活》杂志对物理学家 J. 罗伯特·奥本海默进行了报道，奥本海默曾担任战时洛斯阿拉莫斯实验室的科学主任，该实验室是"曼哈顿计划"的核心。在提到核弹和雷达等大规模军事项目时，记者援引了当时一个"流行的概念"，即第二次世界大战是"物理学家的战争"。[2] 正如第一次世界大战，因其臭名昭著的毒气，常被称为"化学家的战争"。

核弹的新闻把美国物理学家推到了聚光灯下。早在 1946 年 5 月，《哈泼斯杂志》（*Harper's*）的一位评论员就指出："物理科学家现在很流行。任何缺少一位物理学家到场的晚宴都不可能是成功的晚宴。"评论员继续说："在前原子时代，学者们常被边缘化，而现在他们发现，自己从尼龙供应到国际组织等各种问题上都被频繁咨询。"另一位评论员说："战后，无论是年轻或年老的物理学家，包括那些并没有参与秘密战时项目的，都发现自己忽然被请求在妇女俱乐部中发言，或者在华盛顿茶会上像狮子一样被展示。"[3]

甚至物理学家的普通旅行也突然搞得沸沸扬扬。1947 年 6 月，警察车队护送 20 名年轻物理学家前往长岛北端参加一个私人会议：一家当地的赞助商为表示欢迎组织了一场盛大的牛排晚宴。当时，在马萨诸塞州剑桥市和华盛顿特区之间穿梭的 B-25 轰炸机上，几乎只有一种乘客——精英物理学家出身的政府顾问，这也体现出当时民用交通工具并不方便。20 世纪 50 年代，全美的物理系主任收到来自美国各地梦想成为核物理学家的小学生的邮件；另一些信件则满是物理方面的问题，有些满载着写信者的理论，这些信来自建筑师、工程师、海军军官、囚犯甚至结核病病房的病人。到 20 世纪 60 年代初，美国人在全国民意测试中将"核物理学家"列入三大最负盛名的职业，仅次于最高法院的法官和医生。[4]

这些变化似乎是"物理学家的战争"后的必然结果。然而，这个词最早与核弹或雷达并无关联，早在 1941 年 11 月——珍珠港遭到袭击前几周就已被提出。当时，詹姆斯·科南特（James B. Conant）在美国化学学会的一份通讯中首次提到，在欧洲肆虐的战争是一场"物理学家的战争，而不是化学家的战争"。[5] 科南特的地位非同小可，他不仅是哈佛大学校长，还是美国国防研究委员会主席，并参与过早期的化学武器项目。[6]

当科南特第一次提出"物理学家的战争"时，还没有人知道核弹或雷达会在战争中扮演重要角色。麻省理工学院的辐射实验室，或称"Rad Lab"，作为盟军改进雷达的总部仅成立一年。那时，一个雷达原型设备的实验刚被美国陆军审查委员会否决，国防研究委员会正要撤销该项目的资金。那时，"曼哈顿计划"还不存在，洛斯阿拉莫斯仍然只有一所私立男校。在科南特提出"物理学家的战争"几个月后，这里才被陆军工程兵团征用，将一片泥泞的牧场改建成新的实验室。

除了时间问题之外，科南特还要考虑保密问题，他负责监督雷达和新生的核武器计划：信息被严格管控。作为一名经验丰富的高级政府顾问，科南特肯定不能在一份公共通讯中披露美国最高级别的绝密信息。雷达和核弹项目的本质也影响了科南特的立场。两个项目虽然都由物理学家领导，但团队中还有许多其他领域的专业人士。到战争结束时，Rad Lab 的工作人员中只有少部分物理学家（大约 20%）。在洛斯阿拉莫斯，战时组织关系图显示，各个组（除了物理之外，还有冶金、化学、弹道、军械和电气工程）相互平等，它们围成一个圆圈，相互沟通，没有哪一组处于明确的领导地位。Rad Lab 和洛斯阿拉莫斯大学的研究人员在战争期间建立了新型的交叉学科。这两个实验室都不能简单地归为物理实验室。[7]那科南特所说的"物理学家的战争"到底指的是什么呢？

∶∶∶

在 20 世纪 40 年代初，对大多数科学家和决策者来说，"物理学家的战争"指的是一项大规模而紧迫的教育任务：向尽可能多的应征入伍者教授基本物理学。1942 年 1 月，美国物理研究所（AIP）所长亨利·巴顿（Henry Barton）引用科南特的话，开始发表题为"物理学家的战争"的简报。巴顿提到，"物理学家能够为国家效力的情况正在迅速改变"，以至于学术带头人和实验室负责人需要采取手段跟上这种快速的变化。[8]这篇双月刊中的简报主要讨论了两个主题：如何确保物理系学生和工作人员延缓服役，以及学术部门如何满足突然增加的物理教学需求。

在当时来看，现代战争需要士兵掌握基础的光学、声学、无线电和电路知识。战前，美国陆军和海军已经在自己的部队和机构里培养了一些技术专家。突然开始的战争，使他们不得不采用新的策略。经过大学物理学家与美国陆军和海军磋商研究，在战争初期的报告中提出，高中物理课的选课人数需要提高 250%，以满足其需求。他们的目标是：全国一半的高中男生每天至少上一节物理课，内容是电学、电路和无线电。这一目标挑战很大，因为当时全美国只有不到一半的高中有物理学科教学。"不需要新的生物和化学课程，"美国教育办公室的科学官员提到，"但是，物理学必须要！从现在开始，每一天，每个月，整年都需要！全国的教育工作者都要努力让学校为有能力的学生提供物理学习"。[9]

这种教学压力甚至延伸到高中之外。海军和陆军还要求大量军队人员进入正规高校，接受基础的物理学教育。教学大纲由军事机构和 AIP 联合研究、共同制定。例如，陆军希望课程侧重于长度、角度、空气温度、大气压力、相对湿度、电流和电压的测量；几何光学课程可以侧重于战场应用；声学不要用音乐举例子，把时间都留给声波测距和声源探测。鉴于基础物理教育的紧迫性，在 1942 年 10 月，一个专门委员会建议高校院系在战时停止教授原子和核物理学课程（这些课程后来与核武器等有关），以便把更多的教育资源集中到真正的"核心"课程上。[10]

虽然教材对学生要求不高，但时间很紧。许多大学院校从双学期改成一年 3 学期甚至 4 学期，以便让更多的课程进入一个学年。像马萨诸塞州西部的威廉姆斯学院这样的小型文科院校也开始每月招收两百名海军学员，学习物理课程的人数翻了两番。在麻省理工学院这样较大的院校，陆军和海军的学生人数迅速超过

图 5.1 1944 年，美国陆军特别训练计划的学生在麻省理工学院参加讲座。[图片来源：《麻省理工学院技术杂志》(1944)，由麻省理工学院技术编辑委员会提供。]

民间学生，1943 年至 1944 年冬，校园每两名民间学生就对应有 3 名军队学生。各院校内基本都有教学楼是专门给陆军和海军人员授课并安置新兵的。1942 年 12 月至 1945 年 8 月，通过让学生每天参加两次 90 分钟的讲座和一次 3 个小时的实验室课程，每周上 6 天，加速了全国的授课速度，从而为陆军和海军成功地培训了 25 万名具备基础物理知识的学生。[11]

为了向人数众多的教学班中分配教师，高校不得不采用军事化的规划与后勤策略。巴顿的简报警告说，如果有大学囤积宝贵的物理学教师资源，甚至从其他学校挖人，都将受到"严厉的批评"。为了设计教学机构中物理教师的"良莠比例"，巴顿还专门写了一个复杂的公式。[12] 对拥有优秀物理教师占比过高的部门，如果其比例超过巴顿公式允许范围的，将受到惩罚。数学、化学和工程等邻近领域的专家被要求也要开始教授物理。在像威廉姆斯这样的小学院里，需要更多的教职员工投入其中，经过一番改造，甚至来自音乐、戏剧、哲学、地质学和生物学的教授们也开始帮助学校向新兵教授物理学。[13] 物理学教师成了严重稀缺的资源，像橡胶、石油和糖一样，变成了定额分配的产品。

到 1943 年年底，本科物理招生人数增加了两倍，政策也随之迅速跟进。美国政府于 1942 年 12 月成立了国家物理学家委员会（National Committee on Physicists），这是美国政府第一次为某个学术领域成立此种机构，专为地方征兵机构提供"与教学相关"的咨询。不久，"物理学家的战争"一词开始见诸报端，甚至出现在国会的证词中。这句话在 1943 年成为热门词汇，而这之后很久才有"曼哈顿计划"的信息，不管是在机密文件还是公开的报道上。

∴ ∴ ∴

战后，"物理学家的战争"一词的使用每隔 10 年左右就会反弹一次，通常是在广岛和长崎被炸的周年纪念日前后。战后，重

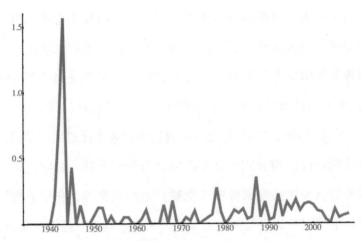

图 5.2　谷歌 n-gram 项目中 "物理学家的战争" 一词出现率的变化图（资料来源：作者根据 https://books.google.com/ngrams. 网站获得数据。）[Google n-gram 是 Google Books 下的一个 "丧心病狂" 的项目。他们极其暴力地扫描了从 1500 年到 2008 年出版的 8116746 册书（据估计占人类历史上所有出版书目总数的 6%），然后进行了 OCR 识别，建成了世界上最大的电子书数据库，然后他们又通过一系列算法从万亿级别的原始数据中识别出单个的词语和短语，构成了一个语料库。主要包含 8 种语言，包括英语、法语、德语、意大利语、西班牙语、俄语、希伯来语、汉语，其中英语占到大约 56%。这个语料库是完全对公众开放的。任何人都可以去 Google Books Ngrams Viewer 查询任何一个或几个词在过去 500 年内在书籍中的出现频率变化趋势。——译者注]

新热议的高峰是在理查德·罗兹（Richard Rhodes）获普利策奖的著作《原子弹的出世》（*The Making of the Atomic Bomb*）出版的时候，那是在 1986 年。[14] 这时，科南特发明的词已经不再指代课堂教学，而是与绝密的军事项目关联起来了。

这一转变几乎与原子弹爆炸同时发生。"曼哈顿计划"主要监督员莱斯尔·格罗夫斯将军预见到，美国政府必须准备好与这项绝密的核武器计划有关并且可以广泛传播的材料——一旦使用原子弹，就要立即将它们公之于众。"曼哈顿计划"开始后不久，他就推荐普林斯顿大学的核物理学家亨利·德沃尔夫·史密斯（Henry DeWolf Smyth）走访"曼哈顿计划"的每个实验室，编写适合大众传播的技术报告。[15]

1945 年 8 月 11 日，也就是长崎遭到原子弹袭击的第三天，美国政府披露了史密斯长达 200 页的报告。报告的标题特别冗长：《对于美国政府出于军事目的使用原子能方式的总体解释，1940—1945》（*A General Account of Methods of Using Atomic Energy for Military Purposes under the Auspices of the United States Government, 1940–1945*）。"史密斯报告"很快被抢购一空，美国政府印刷局的初版很快脱销，普林斯顿大学出版社不得不在 1945 年年末推出新版，题目也改为比较容易理解的《军用原子能》（*Atomic Energy for Military Purposes*），一年内的销量超过 10 万册。[16]

正如历史学家丽贝卡·普莱斯·施瓦茨（Rebecca Press Schwartz）提到的，保密因素是史密斯报告的首要考量。报告只披露了那些已经被科学家和工程师广泛知晓，或者"与原子弹生产没有真正关联"的信息。化学、冶金、工程或工业制造组合而成的信息中，没有多少能够达到这个标准；大部分信息，即实际设计和生产核武器的关键信息，依然是严格保密的。[17]此外，史密斯在报告中大量着墨物理学，特别对理论物理学推崇备至。具有讽刺意味的是，大多数人在史密斯报告中读到的是物理学家如何制造了巨型炸弹，而且，这意味着，他们因此赢得了战争。[18]

其实，也并非完全如此。1945 年 8 月 6 日广岛被轰炸当天，

美国战争部在华盛顿州发表了一份新闻稿。满满两页篇幅赞扬的
都是化学和化学工程的巨大突破，这些突破促进了炸弹的发展，
但新闻稿中只字未提到物理学或物理学家。[19]

当然，这篇罕见的新闻稿很难与史密斯报告的影响力相提并
论。史密斯报告一经普林斯顿大学出版社出版，便在《纽约时报》
畅销书排行榜上霸榜 14 周之久；一年多的时间里，该书销售十几
万册。[20] 之后，1946 年由美国参议院原子能特别委员会发布的《原
子能基本信息》大量引用了史密斯报告，该报告将核武器描述为
理论物理的一系列新发展中的最新成果。有意思的是，报告里最
后一页中的"年表"追溯了核物理学的发展史，该年表定义的起
点并不是 1938 年发现核裂变的柏林化学实验室，也不是杜邦化学
工程师在战争期间制造出钚的核反应堆，而是追溯到公元前 400
年古希腊的原子论。[21]

: : :

从"教学"到"核弹"，"物理学家的战争"一词内涵的转变
有着十分严肃的意义。战后的 20 世纪 50 年代，美国参议员约瑟
夫·麦卡锡（Joseph McCarthy）搞出了针对美国共产党的"红色
恐怖"，物理学家遭到了比其他学术团体更为严酷的冲击。白宫
"非美活动委员会"（Un-American Activities Committee）举行了 27
场针对被指控的物理学家的听证会，数量是其他学科的两倍之多。
他们认为，如果原子弹是物理学家制造的，那么物理学家一定掌

握了制造原子弹的特殊机密，因此必须对这个群体的忠诚度进行
严格审查。[22]

另外，许多政策制定者在战后认为，如果物理学家确实是掌
握了原子弹机密的人，那么美国需要更多的物理学家来维持这种
脆弱的和平。就在战争刚结束 6 周后，曾在战时建议使用秘密新
型武器的原子能临时委员会的科学专家组就向格罗夫斯将军提议
军队应当继续扶持大学物理研究，格罗夫斯很快便批准了这一计
划。格罗夫斯和他的同僚为了维持陆军核研究组织的地位，进一
步加强了"核研究高级培训项目"。[23]海军的科研机构也做出了类
似的行动，战后投资了大量的非机密研究项目，以改变"冷战"
中"技术人员不足"的问题。1947 年，海军研究处的一位官员曾
在五角大楼说，"兼职的研究生可以像奴隶一样随意差使"，所以，
培养更多的物理学研究生便成为海军的一项划算的投资。[24]

第二年，国会通过了一项新的奖学金计划，鼓励学生攻读物
理研究生课程，根据支持该计划的参议院和计划负责人的意见：
"建立一个受过广泛及高水平科学培训人员组成的人才库，并在其
中吸纳一些人参与到原子能项目中来。"这一计划在 1953 年开始实
施，3/4 的物理学研究生在原子能委员会的资助下完成了物理学博
士学位，并在毕业后为委员会工作。原子能委员会由"曼哈顿计
划"在战后演变而来，它接管了美国国家核武库的控制权，并监
督核设施的研发。[25]

类似这种战后的计划或项目对物理学的研究和发展产生了直

接的影响。1949 年，支持美国物理科学基础研究 96% 的资金来自与国防有关的联邦机构，其中就包括美国国防部和原子能委员会。1954 年，美国民间科学基金会成立 4 年后，98% 的物理科学基础研究经费仍然来自联邦国防机构，就资金的规模和来源来说，与战前更是发生了天壤之别，1953 年，美国对物理学基础研究的资助是 1938 年的 25 倍（以固定美元计）。[26]

伴随着这些巨额的投入，物理学专业的入学人数猛增。此时正值各领域、各学科的高等教育蓬勃发展时期，美国《退伍军人权利法案》（G.I.Bill）在战后将 200 多万退伍军人送进了美国的高校，其中物理学研究生入学人数增长最快，几乎是所有其他领域总和的 2 倍。到 1950 年 6 月朝鲜战争爆发时，美国物理系每年的博士生数量是战前最高水平的 3 倍。[27] 在当时的国际环境中，美国国家研究委员会（National Research Council）和美国物理研究所（AIP）的官员们都想保持这种发展趋势。他们共同起草了一份以"美国在物理方面人才的领先地位"为题的备忘录，文中强调"需要在短时间内（不超过 3 年）尽快达成，培养足够多的充分掌握物理知识的学生是至关重要的，我们物理学家的储备严重不足"。许多机构回应了这一呼声。罗切斯特大学（University of Rochester）的物理学系以朝鲜战争为由，立即额外提供了 4 个助教奖学金和 5 个助研奖学金名额，以鼓励更多的学生报考物理学方面的研究生。[28]

尽管物理学入学人数如此快速地增加，但科研专家和政策制定者们仍然像战时那样认真跟踪着这些培训工作的进展，担心美国出现物理学人才的严重短缺。在 1951 年的一次演讲中，时任美国原子能委员会高级官员的史密斯将年轻的物理学研究生描述为"战争商品""战争工具"和"主要战争资产"，需要"储备"和"定量配给"。美国劳工统计局的分析人士在 1952 年的一份报告中附和这一观点："物理学研究对美国的生存至关重要，要持续推进发展下去，因此，国家政策不仅要让年轻人为此工作，还要确保新毕业生的持续供应。"类似的观点也包括在以英国和苏联在内的其他"冷战"国家催生出大量的物理学家。事实上，在第二次世界大战后的 1/4 世纪里培养出的物理学家比人类之前历史上的总和还要多得多。[29]

从 1941 年"曼哈顿计划"开始到"冷战"10 年，对年轻物理学家"储备"和"定量配给"的说法就一直不绝于耳。然而，虽然说辞没变，但培训目的发生了很大变化。美国官员开始认为，不能仅向士兵传授一些基础物理知识，而应当建立一支由物理学家组成的专门研究核物理的"常备军"，一旦"冷战"升温，就能立刻投入核武器研发，为可能到来的战争做好准备。[30]此时，科南特关于"物理学家的战争"的说法有了新的含义和紧迫性。但有一点没有改变：那就是培养更多的物理学家。

6. 沸腾的电子

20 年前，当我翻阅一位物理学家的档案时，偶然发现了一份文件，这份文件的内容一直让我迷惑不解。这是一张手写的积分表，上面有一长串的数学函数以及区间内积分函数的公式。这份积分表看上去像是一篇学生作业，但它的首页说明它没这么简单。首页显示，这份手稿已经被复印了 31 份，31 个送达人清晰地注明在首页上，日期是 1947 年 6 月 24 日。它应当是一份机密报告的一部分，因为其分发名单与机密报告非常吻合；所有获得这份积分表的人都获得了处理机密文件的安全许可证。[1]

这就是让人迷惑不解的地方，难道如果让美国的敌人知道在 $x=0$ 和 $x=1$ 区间 $x/(1+x)^2$ 的积分等于 0.1931，美国政府会遭遇什么灾难？此外，当局怎么可能阻止这种基本数学算式的传播？学过微积分的人不都会得出同样的答案吗，为什么要以机密文件发送？

这份积分表是著名物理学家、诺贝尔奖获得者汉斯·贝特（Hans Bethe）撰写的一份机密报告的附录（我是在康奈尔大学收藏的贝特的论文中发现的）。20世纪30年代，贝特当时是著名的核物理专家之一，1938年，他提出了恒星发光的复杂核反应模型。他在战时的洛斯阿拉莫斯担任理论物理部主任，直接向罗伯特·奥本海默汇报。战后，当他回到康奈尔大学任教时，他仍然积极地为核武器计划以及刚刚起步的核工业担任顾问。[2]

1947年，贝特被任命研究核反应堆的屏蔽问题。当像铀或钚这样的重原子核被中子轰击时，它们释放出巨大的能量，但同时也释放出大量的高能辐射。在研究如何更好地阻挡或吸收辐射的问题时，贝特发现，他需要一种特殊形式的积分。这时，贝特的一名物理学家同事，也是一名核反应堆设施的高级研究员，为了在与贝特的讨论中便于计算，便准备了一份作为附录的积分表。

类似的数学手册或表格其实几个世纪前就有了。例如，在法国大革命时期，历史学家洛林·达斯顿（Lorraine Daston）曾写道：当时公务人员编制了海量的对数和三角函数表，计算精度高达小数点后14位以上，远远高于当时任何实际应用所需的精度。法国数学家加斯帕德·德普罗尼（Gaspard Riche de Prony）的数学表是在启蒙运动中对数学发展程度的一次完美展示，是理性胜利的又一个证明，非常值得赞赏，但并不实用。[3]

1947年，积分表并不为公众所熟知，这种清晰列表的方式更像是德普罗尼时代的产物。事实上，该表解释了之后许多结果的出处：大多数积分都是通过巧妙地改变变量来计算的，这些公式都可以在著名的《新积分表》一书中查到。本书于1867年，由富有的荷兰数学家大卫·比伦斯·德汉（David Bierens de Haan）在莱顿撰写出版。[4]

在原子能时代初期，计算劳动仍然是科学家们的一门精湛技艺。制作1947年积分表的关键在于：虽然原则上任何人都应该能够计算积分，但在实践中完成这种计算需要大量的时间和技能。但当计算人员准备好贝特的报告中的积分表后不久，计算这件事彻底地发生了改变。

这一转变起因于新泽西州普林斯顿的高等研究所。该研究所成立于1930年，由百货业大亨路易斯·班伯格（Louis Bamberger）和他的妹妹卡罗琳·班伯格（Caroline Bamberger）资助。在教育改革家亚伯拉罕·弗雷克斯纳（Abraham Flexner）的建议下，创始人的目标是为初出茅庐的年轻知识分子建立一个地方，让他们在攻读博士学位之后，可以继续追求自己的学术成就，而不必从事大学教学或委员会等削弱创造力的日常工作。弗雷克斯纳追求的是一个安静的场所，在那里学者们没有讲课或发表文章的义务，他们可以无所限制地畅聊和思考。"好吧，我知道你怎么知道他们是否在选址的。"主要科学决策者瓦内·瓦尔布什打趣道。[5]

弗雷克斯纳在全世界招揽逃离法西斯主义的世界著名知识分子。爱因斯坦于1933年成为第一位终身成员；不久，举止古怪的天才逻辑学家哥德尔也加入了进来，但他因为妄想别人会在食物里下毒，而最终饿死了。1947年，奥本海默从洛斯阿拉莫斯来到研究所担任所长，奥本海默仍然保持着研究所修道院式的风格，在这儿像比伦斯·德汉老版的《新积分表》随处可见，却看不到任何实验室的设备。一位于 1949 年采访过这里的《纽约客》记者评价研究所充满了"小酒庄氛围"。而汉斯·贝特则直接向即将来研究所的年轻物理学家建议："不要期望在这里得到太多的东西。"[6]

随着传奇数学家约翰·冯·诺依曼（John von Neumann）团队的到来，这种平静被打乱了。冯·诺依曼 1903 年出生于布达佩斯，19 岁时发表了第一篇数学研究论文，22 岁时完成博士学位，之后随着欧洲陷入动荡而逃离欧洲大陆。在爱因斯坦加入后不久，弗雷克斯纳就把他带到了研究所。冯·诺依曼曾在洛斯阿拉莫斯工作，与贝特和奥本海默一起研究核武器。他在研究工作中被查尔斯·巴贝奇（Charles Babbage）一个世纪前提出的想法所吸引：能否制作一台可以计算的机器呢？冯·诺依曼的动机并非仅对人脑如何工作和认知本质的好奇（尽管他确实对这些着迷），他还有更紧迫的任务——需要通过计算对比核武器的各种设计方案的优劣。[7]

战时的核武器项目让冯·诺依曼尝试了半自动计算。他和同事面临的挑战之一是以某种定量的方式跟踪中子击中大量可裂变物质时可能产生的结果，它们是会被原子核弹开，被吸收，还是可以分裂原子核？还有就是链式反应产生的冲击波如何通过核心传播开来？在战争期间，像这样的计算基本上是由一群操作机械计算器的工作人员来完成的，这一过程在大卫·艾伦·格里尔（David Alan Grier）那本引人入胜的书《当计算机是人类》（*When*

Computers Were Human，2005）中有所描述。像理查德·费曼
（Richard Feynman）这样的年轻物理学家会将计算过程分解，然后
由助手们——通常是实验室技术人员的年轻妻子——对这些数字
进行运算，每个助手一遍又一遍地执行着相同的数学运算。一个
人计算数字的平方；另一个则把两个数字相加，然后再把结果传
给流水线上的下一个女人。[8]

　　这种原始的计算方法对于核裂变计算来说足够了。但氢弹是
另外一回事了，核聚变不仅爆炸力更加巨大，计算量也成倍增加。
核聚变内部动力是由旋转辐射、热等离子体和核力之间微妙的相
互作用所驱动的，破译起来要复杂得多。要确定一个特定的设计
是否能够像恒星内部那样产生核聚变，释放出比投在广岛和长崎
的核裂变原子弹强数千倍的破坏力，需要面临巨大的计算挑战，
这样的计算绝不可能再由操作机械计算器的团队来完成了。正如
冯·诺依曼所说，他们需要一种全自动一次解决许多复杂方程的
方法，他们需要一台能执行存储程序的电子计算机。[9]

　　计算机的原型思路是由英国数学家和密码学家艾伦·图灵
（Alan Turing）提出的，事实上，世界上第一个图灵机的实例也是
由图灵带领曼彻斯特的团队在 1948 年完成的。然而，像"曼哈
顿计划"和战时"雷达计划"一样，原本是英国人的想法，被美
国人应用到了更广泛的领域。1943 年开始，美国陆军一直资助一
个以宾夕法尼亚大学为中心的研究小组，研制一种类似的计算装
置，代号为 ENIAC，意为"电子数字积分和计算机"（Electronic

Numerical Integrator and Computer）。战后，宾夕法尼亚小组迎来了竞争者，冯·诺依曼接到政府的资助，开始在普林斯顿的研究所研发自己的计算机。他的团队包括几位年轻的工程师和他才华横溢的妻子克拉里（Klári），她曾经编写了模拟爆炸的运算代码，并成功在机器上连续运行数天。[10]

20 世纪 30 年代，冯·诺依曼曾与图灵擦肩而过，图灵有一段时间在普林斯顿大学附近撰写论文。战争期间，冯·诺依曼也去宾夕法尼亚的 ENIAC 小组进行过咨询。事实上，正是他使得该项目从最初为陆军弹道实验室计算火炮弹道数据任务改为为洛斯阿拉莫斯进行核武器设计的计算。当时，ENIAC 小组的机器只能执行固定的程序，在计算出一次结果之前，必须通过重新物理布线来手动设置新的程序，改变程序需要数周的时间：交换电缆，交替开关，检查和检验硬件操作调整的结果。像 ENIAC 小组一样，冯·诺依曼也在寻找某种方法，使计算机能够将其程序与产生的数据一起存储在同一内存中。正如图灵所设想的那样，计算机可以并列存储指令和结果。

在发明晶体管之前，冯·诺依曼的电脑就需要两千多个真空管才能协同工作。这种真空管技术在当时已经有几十年的历史了。与当今时髦的笔记本电脑或智能手机中的芯片差异巨大，它们是通过加热金属块使电子沸腾而产生电流，为了抵消真空管持续不断地发热，这台机器需要一个每天生产 15 吨冰的巨大制冷装置。20 世纪 40 年代末，冯·诺依曼的团队建造出了一台房屋大小的计

算机。到 1951 年夏天，这台计算机全天候地进行氢弹计算，不间
断运行了两个月。当满负荷运行时，该计算机可以有 5000 字节的
可用内存。"这与今天计算机压缩音乐文件时在半秒钟内使用的内
存量差不多。"乔治·戴森（George Dyson）这样描述冯·诺依曼
的项目。[11]

　　该计算机项目很大程度上是由来自美国原子能委员会的合同
推动的。这些合同中规定，任何关于热核反应的信息不可以向公
众公布——这是由杜鲁门总统（Harry S. Truman）在 1950 年 1 月
决定的，他要求美国迅速成立一个氢弹开发计划。因此，作为该
计划的主要任务之一，冯·诺依曼的团队在造出他们的新机器时，
还要以一些非机密课题掩人耳目。天气预报恰好是个合适的应用
场景，气象学的特点是要研究许多复杂的流体运动，跟设计氢弹
有很多类似之处。计算机的早期应用还包括对生物进化的模拟，
因为生物进化的进程就像核反应中散射的中子一样，随机而且
复杂。

　　20 世纪 50 年代末，物理学家兼小说家查尔斯·珀西·斯
诺（C. P. Snow）提出人文文化与自然科学"两种文化"之间的冲
突。[12] 而此时，冯·诺依曼的"电子怪兽"在高等研究所也同样
引发了文化之间的剧烈冲突，虽然与斯诺假设的冲突点并不一致。
在这里，冲突来自独立学术生活与团队合作之间。到了 1950 年，
冯·诺依曼计算机项目的预算几乎全部来自政府的国防合同，这
使得研究所数学学院的预算变得无足轻重。当然，不仅是钱的问

题，主要是在生活方式上。正如高等研究所的数学家马斯滕·莫尔斯（Marsten Morse）所说："在精神上，我们研究所的数学家也都是人文主义者。数学家可以说是艺术家中最自由、最强烈的个人主义者。"[13]爱因斯坦也同意这一观点。1954年，爱因斯坦在评审一位年轻物理学家提交给古根海姆基金会的申请时就认为，研究课题是有价值的，但出国访问就没必要了，"毕竟每个人都需要更多的独立思考。"[14]在研究所，计算机项目并没有让科学与人文学科对立起来；这场冲突来自浪漫主义天才的思想和组织人的思想之间。

这种气质上的差异逐渐地显露出来了，计算机项目原本就设在研究所主楼的地下室里，由于喜欢安静的学者受不了计算机项目组的噪声，不久，计算机项目组被转移到了离研究所更远的地方。除此之外，学者们对新主楼也不满意，政府赞助者设计的实用的混凝土建筑无法满足研究所"居民"的审美要求，研究所不得已又额外支付了9000美元（以今天的购买力计算，接近10万美元），做了新的建筑外立面。

最终，研究所的计算机项目成为牺牲品。1955年，在原子能委员会剥夺了奥本海默安全特许权，并对其进行安全审查后不久（奥本海默一直反对氢弹的发展），冯·诺依曼成为委员会五名成员之一。奥本海默虽然仍是研究所的负责人，但冯·诺依曼待在研究所的时间越来越少了，由于冯·诺依曼不在，这个计算机项目日渐没落。与此同时，美国其他研究机构在计算机上开始快速进展，其中，美国空军资助的兰德智库，将他们开发的计算机命名为"Johnniac"，以纪念冯·诺依曼。冯·诺依曼在 1957 年死于癌症后，该研究所的计算机项目又坚持了几个月，最终于 1958年关闭。彼时计算不再依赖于孤独的学者钻研布满灰尘的参考书，计算机时代来临了。[15]

　　几年前的夏天，当我在蒙大拿的乡村旅行时，租的车意外抛锚了，在等待修车的空闲时间，我打开笔记本电脑，随意浏览时，看到了贝特 1947 年的备忘录和附录中的积分表。我用笔记本电脑验证这份表格上列出的小数点后 4 位的数字答案，只用一眨眼工夫，电脑就计算出 16 位的精确数值，再敲几下，就能显示出小数点后三十几位的答案。做到这些不再需要像当年一样去图书馆，费劲儿地读用荷兰语写的论文，再雇用几十人进行计算。现在只需要在一条尘土飞扬的小路旁，坐在修车站里，点几下电脑就可以了。

7. 该死的谎言和统计数字

1954 年，当时《纽约时报》头版头条的典型标题是《苏联在技术人员培训方面正在超越美国》。《华盛顿邮报》也是类似的题目，如《红色的技术类毕业生是美国的两倍》。[1] 即使美国为了"二战"的一些秘密项目，已经闪电般地加速了全美的物理类学科招生，但在美国国内担心技术劳动力不足的声音仍然不绝于耳。苏联在培养年轻物理学家方面取得的进步似乎一直威胁着美国，担心苏联培养的物理学家超越美国的恐惧心理在政府和媒体间弥漫，促使美国在培养物理学家方面不断升级。1957 年 10 月，苏联人造卫星发射后，物理学专业的研究生入学人数激增得更快。然而，失控的增长被证明是不可持续的。在苏联人造卫星发射后不到 15 年，美国在年轻物理学家的招募、资金扶持和工作机会等多个方面逐渐暴露出了问题。

今天，回顾当年那些疯狂的举动，可以发现，那肯定是一种不可持续的趋势。无论是研究经费、研究生入学率，还是物理学专业的工作机会，随时间曲线开始一直向上，但到某个时点，曲线陡然向下，急剧地崩溃。仔细看这一曲线，你可能感到似曾相识，像极了20世纪科技股的繁荣与崩溃或房地产市场的大起大落。换句话说，在"冷战"期间，美国的物理学科发展已经成了一种投机泡沫。

经济学家罗伯特·希勒（Robert Shiller）将投机泡沫定义为"一种主要由投资者的热情支撑，而不是通过对实际价值的一致估计造成的暂时的高价格"。他强调了泡沫的三个不同驱动力：炒作、放大和反馈循环。投资者对某一特定项目的热情——无论是硅谷创业企业的首次公开募股（IPO），还是SOHO的时尚楼盘——吸引着更多人对该项目的关注。媒体的持续关注度又吸引了更多的投资者，需求的上升进一步推动价格上涨，接着，价格上涨成为一个自我实现的预言。"随着价格的不断上涨，人们的热情被持续推动。"希勒解释道。[2]

与股票价格一样，研究生培养也是如此。"冷战"期间，物理学等领域的入学人数猛增，是由基于不完全信息的研究决定的，其中又夹杂着预期和炒作，而与真正的事实几乎无关。科学家、记者和政策制定者之间的反馈循环使得对年轻物理科学家的需求被人为夸大。当推动力来源于地缘政治，而不是对事物本质的假设时，这种反常的趋势几乎不可避免，而当条件突然发生变化时，物理学趋势则立即逆转。

：：：

最典型的"炒作—放大—反馈"循环的事例是20世纪50年代关于苏联在培养科学家和工程师方面取得进展的一系列报告。早在1952年朝鲜战争时期，几位分析人士就开始试图评估苏联科技人力"储备"——那些似乎"对原子时代的生存至关重要"的干部，一位《纽约时报》记者如是说。当时有三份长篇报告提出了所谓的"教室冷战"，分别是：尼古拉斯·德维特（Nicholas Dewitt）的《苏联的专家人力资源》（1955）和《苏联的教育和专家就业》（1961），以及亚历山大·科罗尔（Alexander Korol）的《苏联科学技术教育》（1957）。[3]

这三篇报告有许多共同点，它们都是由马萨诸塞州的剑桥市组织的，研究人员也都曾在俄罗斯和苏联接受过一些培训。尼古拉斯·德维特在哈佛大学的俄罗斯研究中心完成了报告《苏联的专家人力资源》。该研究中心是1948年由美国空军和卡内基公司筹办，一直与美国中央情报局保持密切联系。德维特是乌克兰哈尔科夫人，1939年开始在哈尔科夫航空工程学院接受训练，后来在纳粹入侵时逃离，1947年来到波士顿，第二年进入哈佛大学读本科。1952年，德维特拿到了荣誉学位，开始在俄罗斯研究中心担任副研究员，同时在哈佛攻读区域经济学的研究生学位。美国国家科学基金会（The National Science Foundation）和美国国家研究委员会（National Research Council）联合赞助了他对苏联科学技术培训的调查项目。他是一名"不知疲倦的挖掘者"，他的后续研究——《苏联的教育和专家就业》报告长达856页，正文中共有257张表格和37张插图，附录就有260页。[4]

另一份重要的报告是亚历山大·科罗尔的《苏联科学技术教育》，在麻省理工学院国际研究中心完成。与哈佛大学的俄罗斯研究中心一样，麻省理工学院的研究中心（成立于1951年）也与中情局保持着密切的联系，中情局秘密资助了科罗尔的研究。科罗尔和德维特一样，是苏联侨民，在苏联接受过工程培训。科罗尔受到来自麻省理工学院的多个科学和工程院系的帮助，协助他评估苏联教学的质量。1957年6月，他完成研究，研究报告成书的序言由该中心主任马克斯·米利坎（Max Millikan）撰写。该报告立即被冠以"也许是有史以来对苏联教育和培训体系最具结论性的研究"。令人惊讶的是：本书在正文之前有足足400页的可靠事实数据。[5]

其实，两位作者在报告中都重点强调了数据该如何解读及其限制条件。德维特在两本书的开头都引用了大量专业文献来解释苏联的统计数据。他的两本书还包括了详细的附录，内容是关于对苏联的统计工作中的"疑点和陷阱"。德维特警告说，入学人数或毕业率等原始数据永远不能说明问题，这种社会统计需要有仔细的解读才行。特别是在当时的情况下，数据中的许多差异（这会影响大多数社会科学研究）会因为苏联政府对保密和宣传数据的偏好而变得更加复杂。科罗尔同样提醒要谨慎判断，他一再声称，比较苏联和美国的毕业率是徒劳的，因为两国的教育体系在结构和功能上存在着根本性的差异。事实上，科罗尔甚至拒绝并列列出苏联和美国的统计数字，以避免"不必要的影响"。[6]

德维特和科罗尔提醒人们正确看待苏联的教育发展趋势。尽管莫斯科大学和哥伦比亚大学或麻省理工学院的物理学等精英课程在质量上似乎大致相当，但有几个因素不容忽视：首先，他们都认为，苏联有很大一部分科学家和工程师从未实践过他们的研究技术，而只是在各种官僚主义或行政职位上工作。其次，苏联的体系是围绕着特殊专业而建立的：例如，有色金属冶金专业又被划分为 11 个不同的专业（铜合金冶金、贵金属精炼等）。学生们只选了一个狭窄的专业，把大部分的学习时间都用在了这个专业上。与此同时，早在 20 世纪 50 年代末，苏联学生就普遍缺乏教科书和实验室设备。学生与教师的比例在战后迅速增长，并在 20 世纪 50 年代继续扩大。也有迹象表明，为了适应苏联中央计划委员会的"生产配额"，学术标准被篡改了，科罗尔和德维特都注意到了苏联内部的报告，称在总体人数不足的情况下，要想办法让平庸的学生也通过考试。[7]

最重要的是，苏联学生中有相当比例的人参加了在职班或函授项目。与普通的全日制学生不同，这些学生在远离大学的地方从事全日制工作，主要通过自学，阅读课本（如果有课本的话），偶尔给过劳的教授发书面作业，每个教授要应付 65 个到 80 个这样的学生。就连苏联教育官员也经常抱怨这种培训质量低劣，特别是在科学和工程等实践领域。当苏联在职班及函授课程入学率飙升时，常规的全日制入学率其实一直比较平稳，到 1955 年，在职班和函授学生约占苏联工程类招生总数的 1/3，五年后，则占所有领域注册人数的一半以上。[8]

在详细描述了上述因素的基础上，德维特进行了数值的比较。他将重点放在苏联的"五年制文凭"项目上，大致类似于美国的本科加硕士学位，并给出了一些定量的研究结果。美国的总入学人数比苏联多得多：例如，1953 年至 1954 年，美国的全日制学生人数是苏联普通全日制学生人数的三倍，如果把苏联的所有在职学生和函授学生都包括在内，美国的入学人数仍然比苏联入学人数多 1/3。然而，各学科的比例却大不相同。在美国，只有大约 1/4 的学生主修科学技术相关领域，而在苏联，则有 3/4 的学生主修科学技术相关领域。特别是，当德维特统计两国每年授予的学位时，大概苏联每年理工科毕业的学生是美国的两到三倍。[9]

这个比例——"两到三倍"——很快就有了自己的生命。德维特和科罗尔的报告是谨慎的、冗长和严肃的；而新闻报道却倾向于耸人听闻。《纽约时报》和《华盛顿邮报》等主要报纸在头版刊登了"两到三倍"的结果。中情局、国防部、国会原子能联合委员会（Joint Congressional Committee on Atomic Energy）和美国原子能委员会（Atomic Energy Commission）的主要发言人在公开讲话和国会证词中都不约而同地提到了这一简约数字，而完全没有理会德维特前面的背景数据，每一次这一结论见诸报端都会引起更多的讨论。[10] 就这样，这一原型模式，正符合了经济学家罗伯特·希勒投机泡沫模型的第一步：炒作。

在苏联第一颗人造卫星发射之前，至少还有一些观察家试图正确看待这些数字，就像德维特一直以来提醒的那样。1956年6月，前麻省理工学院辐射实验室科学主任，时任加州理工学院（Caltech）院长的杜布里奇（Lee DuBridge）在新成立的国家科学家和工程师发展委员会（National Committee for Development of Scientists and Engineers）（两个月前，由艾森豪威尔组织成立的一个21名成员组成的精英委员会）向媒体发表讲话时说："确实，俄罗斯去年获得科学和工程学位的人数比美国多，但那又如何？也许这是因为在过去的一百年里，他们并没有重视技术的力量，所以现在他们只能奋力追赶。如果这是事实，那我们的方案不能由他们的弱点来决定。我们应该弄清楚我们到底需要多少工程师来完成我们的工作，而不能根据他们工程师的人数来决定。"杜布里奇还提到德维特的另一个结论：即使最近苏联在科学和技术培训方面获得了突破，但在可以任职的科学家和工程师的积累上，仍然落后于美国。[11]

可是，外号"独家新闻"的参议员亨利·杰克逊（Senator Henry "Scoop" Jackson）的言论与此相反。1957年9月5日，在美苏科技人才大角逐的论战中，杰克逊发表了一篇题为《为自由而培养》的特别报告。杰克逊援引了德维特的数据，在报告中提醒说：苏联正在科学人才竞争中快速发展，当前，没有什么比在美国及其北约盟国立即展开所有潜在科学人才培养更重要的了。杰克逊用大量的篇幅详细说明了解决人才严重短缺的各种培养方案，包括为高中生和大学生提供奖学金、开展暑期研学，以及为在科学教育方面表现优异的教师和学生提供奖励等。杰克逊用了一个生动的比喻："这些资源应该被用作催化剂，去引发教育界的连锁反应，最终延伸到广泛的科学和技术领域。"[12]

　　苏联人造卫星的发射进一步激发了这一话题。德维特对席卷全国的"歇斯底里"反应感到绝望；听到他自己的统计数据一次又一次地被提及，却是一次又一次地被曲解，他痛苦万分。例如，美国前总统胡佛（Herbert Hoover）在回应苏联发射人造卫星时抱怨道："全人类最大的敌人，苏共，正在培养出两倍甚至三倍于美国的科学家和工程师。"在卫星发射后的一周，詹姆斯·杜立特尔（James Doolittle）将军（因"二战"期间的东京空袭而闻名）也对"可怕的数字"提出了自己的担忧。之后，参议员林登·约翰逊（Lyndon Johnson）迅速召集了参议院防务委员会的听证会，中情局局长艾伦·杜勒斯（Allen Dulles）在听证会上重新提到了"人才缺口"的问题，虽然杜勒斯的发言是不公开的，但约翰逊之后却在媒体上大肆渲染："杜勒斯已经证实，苏联在发展科技人才资源方面已经超越美国了。"[13]在苏联人造卫星发射后疯狂的几周里，科罗尔的书也遭受了类似的误读。在报道这本书的发行时，《华盛顿邮报》的一篇文章首先惊呼："自由世界必须彻底改变自己的方式，以应对苏联在重大项目上人才动员发展能力的挑战。"这其实与科罗尔的观点完全相反,虽然他一直努力澄清,但记者仍然说这就是科罗尔本人的观点;而另一篇文章将科罗尔的书与艾森豪威尔在"人造卫星"后的演讲放在一起,呼吁美国必须迅速增强训练有素的科研人员的产出能力。[14]

接下来是第二阶段:放大。美国的物理学家们充分利用了苏联人造卫星发射的契机,进一步利用德维特的数字。反应最快的是哥伦比亚大学的诺贝尔奖获得者拉比(I.I. Rabi),艾森豪威尔与拉比在20世纪40年代末就相识,当时艾森豪威尔担任哥伦比亚大学校长;艾森豪威尔成为美国总统后,委托拉比成立了科学咨询委员会。拉比在苏联人造卫星发射一周半后召开会议,敦促艾森豪威尔以苏联人造卫星为契机扩大美国的科学教育。不久之后,美国物理研究所(AIP)的新主任埃尔默·霍奇森(Elmer Hutchison)向《新闻周刊》记者表示,除非美国的科学人才储备迅速扩大,否则整个美国的生活方式很可能要迅速灭绝。之后,霍奇森提醒他的同事们,在这件事情上,他们有非常大的公众影响力。他在给AIP教育咨询委员会的内部通知中写道:"当前是一个史无前例的机会,要充分利用公众对科学教学质量的担忧。"战时参与秘密氢弹计划的爱德华·泰勒(Edward Teller),也是杰克逊人力报告的参与者,他在与媒体交谈时也提到了同样的主题:"我们在本该占据优势的'教育'方面遭受了一场严重的失败!"来自康奈尔大学洛斯阿拉莫斯分校(Cornell University Los Alamos)的汉斯·贝特,也是美国物理学会(American Physical Society)前

图 7.1 艾森豪威尔总统新成立的科学咨询委员会成员于 1957 年 10 月走出白宫。 从左到右: 大卫·Z. 贝克勒 (David Z. Beckler)、伊西多·I. 拉比 (Isidor I. Rabi)、杰罗姆·B. 威斯纳 (Jerome B. Wiesner) 和查尔斯·舒特 (Charles Shutt)。 (图片来源: 保罗·舒策 (Paul Schutzer) 摄影,《生活》图片集, 由盖蒂图片社提供。)

任主席, 也在自己不知数据来源的情况下就对记者说出了德维特"两到三倍"数据, 而记者往往是整个事件的催化剂。[15]

就这样, 立法者和他们的物理学顾问, 以苏联发射人造卫星和所谓的科学和工程界"人才缺口"为由, 推动通过了《国防教育法》, 该法案于 1958 年 9 月签署, 法案批准了大约 10 亿美元的联邦教育支出 (以今天的货币计算, 将近 90 亿美元), 仅限于科学、数学、工程、区域研究等关键的"国防"领域。该法案是一个世纪以来首个重要的联邦教育援助, 自从 1862 年《莫里尔赠地法案》以来，联邦政府从未如此直接地干预高等教育，因为高等教育传统上被认为是州和地方政府的特权。据一位了解《国防教育法》背后立法辩论的知情人士透露，机会主义的政策制定者把"苏联人造卫星恐慌"，以及德维特和科罗尔的报告当作了"特洛伊木马"："支持者们需要证据才能制定新的政策"。[16]

通过立法通常是件麻烦事，但立法后效果非常明显。在法案通过前，在工程、数学和物理等科学领域，美国各机构每年仅培养 2500 名博士，在法案通过后的四年内，《国防教育法》支持了约 7000 个新的研究生奖学金，平均每年约 1750 个。换言之，联邦政府的巨额支出使美国培养物理科学研究生的资金一夜之间增加了 70%。在同一时期，该法案资助了 50 万名本科生，并同时向各机构提供了补助金，还鼓励各州增加科学领域入学人数。[17] 这时，便来到了经济学家希勒模型的最后一个要素：反馈。

: : :

反馈回路对研究生水平的培养产生了直接的影响。在《国防教育法》通过后的 10 年里，美国能授予物理学博士学位的机构数量翻了一番，推动年轻物理学家的数量呈指数级增长。根据 20 世纪 50 年代早期为美国联邦政府战时动员而建立的国家科学技术人员登记册收集的数据，从 1955 年到 1970 年，美国雇用的专业物理学家的数量增速远远快于任何其他专业人员，比地球科学家增速快了 210%，比化学家增速快了 34%，比数学家增速快了 22%，

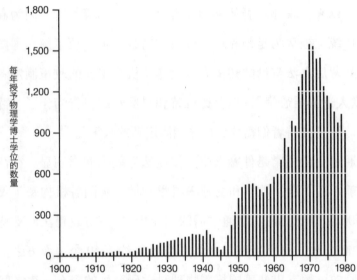

图 7.2 美国院校每年授予物理学博士学位的数量（1900—1980）（资料来源：亚历克斯·韦勒斯坦（Alex Wellerstein）根据美国国家科学基金会的数据绘制。）

等等。[18]

　　然而，这种趋势并没有持续太久。美国的物理学博士学位数量在 1971 年达到顶峰。随后，曲线突然急剧下降，其下降速度比曲线上升更令人惊讶。一场"完美风暴"引发了这次坠落。20 世纪 60 年代末，国防部的内部审计员开始质疑，战后资助大学基础研究的政策几乎为第二次世界大战结束以来所有物理学研究生提供了教育资助，但这些资助是否产生了足够的投资回报？此时，随着越南战争的肆虐，学生抗议者对五角大楼在美国校园中的存在感到不满。于是，抗议者把目标对准物理学家的军事设施（无论是不是真的军事设施）。为了军队的战争升级，从 1967 年开始，军队取消了对本科生的延期征兵政策，两年后又取消了对研究生的延期征兵政策，由此改变了 20 年来让理科学生待在教室里的政策。与苏联局势的缓和，以及 20 世纪 70 年代初出现的经济"滞胀"加剧了这一趋势，导致联邦国防和教育开支大幅削减。[19]

没有什么学科比物理学受到的影响更明显。到 1980 年，各学科博士学位授予量比峰值时期平均下滑了 8%，但物理学博士学位授予量却骤降了一半。也有几个学科同样经历了剧烈的衰退——数学下降了 42%，历史下降了 39%，化学下降了 31%，工程学下降了 30%，但物理仍然是下降最多的。对年轻物理学家的需求快速消失，在 20 世纪 50 年代到 60 年代中期，在美国物理学会就业服务处注册的雇主比学生还多，而到 1968 年，寻找工作的年轻物理学家比广告上的职位多出近 4 倍，职位包括学术界、工业界，以及政府实验室等。三年后，这一数字更是惨不忍睹：1053 名物理学家不得不去竞争仅有的 53 个职位。[20]

罗伯特·希勒说，投机泡沫的产生来自赤裸裸的自我欺骗。非常明显，有影响力的物理学家利用德维特和科罗尔的报告，推动了研究生扩招的法案，以利于他们自己。也许他们感觉在这件事上他们是有责任的，再说增加对高等教育的扶持本身并不是坏事。然而，在急于利用德维特的"两到三倍"数据的过程中，炒作、放大和反馈的循环并未受到任何合理的评估。

德维特和科罗尔报告中已经给出了对数据解读的提醒，包括苏联方面培训质量参差不齐，过于专业化的学科设置，以及大量的函授学生等因素，即使抛开这些警告不谈，数字本身也值得仔细研究。在对比苏联和美国的工程和应用科学毕业生人数时，德维特将其分为三大领域：工程、农业和卫生领域；正是在这些领域，显示出了"两到三倍"的比例数字（德维特对此作出过解释，他的表格中的类别划分是苏联教育体系的产物，在苏联教育体系中，绝大多数学生从"技术学院"而不是大学获得学位；这些学院的学科方向主要集中在上述领域，而像自然科学和数学则主要在大学中教授）。然而，当提到"两到三倍"的数字时，没有一个人产生疑问，农业专家的过剩可能导致军事霸权吗？尤其考虑到苏联在 20 世纪 30 年代发展集体化农业的灾难性历史，以及在"二战"后由于支持特罗菲姆·李森科（Trofim Lysenko）错误的生物学理论，严重影响了苏联分子生物学和遗传学的发展研究。医疗卫生专业也是如此。毫无疑问，从业人员的数量确实非常重要，但更多的护士和牙医对造武器有帮助吗？几乎每个接受德维特数字的人都会使用"科学和工程"这个标签，但却从不认真考虑他们代表的是科学或工程的哪些领域。[21]

事实上，德维特还提供了两国自然科学及数学的毕业率数据，这些数据与农业和卫生专业的数据一样清楚。用这些数据可以玩弄各种数字游戏。直到 20 世纪 50 年代中期（根据德维特的后续研究发现，甚至直到 20 世纪 60 年代初），美国拿到自然科学和数学学位的学生是苏联的两倍。如果将数学、理科和工科的毕业生加在一起，不算农业和医疗卫生，这个比例为 4:3，但苏联的数据中包括了函授学生。这就是苏联的"两到三倍"优势的真实状况。[22]

这些数据并不是隐藏在机密报告中或中情局的保险柜里；这些数据与"两到三倍"的数据一样都是明摆着的。然而，当朝鲜战争、苏联人造卫星发射、核边缘政策等威胁来临时，有些数据便成为解释现状的工具。对经济冷静理性的分析在狂热的情绪面前常常变得无力。

: : :

物理学专业在 1945 年到 1975 年疯狂发展，并不是唯一的波峰。事实上，美国的物理学研究生入学人数在 20 世纪 80 年代又出现了反弹，许多与第二次泡沫相同的机制导致政府补贴越来越高。里根政府时期国防相关支出的复苏，包括扩张的战略防御计划（Strategic defense Initiative，简称"星球大战"），再加上对日本经济竞争的新担忧，使得物理学和相关领域的入学人数再次呈指数级增长，几乎与 20 世纪 60 年代末的峰值持平。10 年后，随着"冷战"的结束，再次急剧下降。正像在 20 世纪 70 年代初的研究生入学率的整体下降一样。到 2002 年美国博士学位授予量再次触底，各个领域的博士学位授予量从 20 世纪 90 年代的峰值下降了6% 以上。不过，和以前一样，一些领域的跌幅比其他领域更大。所有自然科学和工程领域，每年授予博士学位的人数下降了 10%，而授予物理学博士学位的人数则下降了 26%。关于科学劳动力供给短缺的恐慌再次成为一个错误，物理学再一次扮演着美国大学

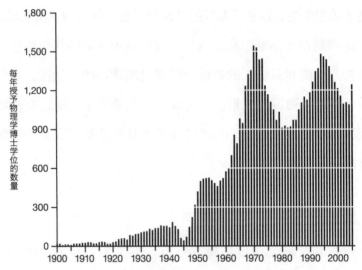

图 7.3　美国院校每年授予物理学博士学位的数量（1900—2005）（资料来源：亚历克斯·韦勒斯坦根据美国国家科学基金会的数据绘制。）

发展模式的极端案例。[23]

　　第二次泡沫的推动力与之前非常相似。从 1986 年开始，美国国家科学基金会的官员再次敲响了警钟：美国不久将面临科学家和工程师的严重短缺。基金会的预测显示，到 2010 年，美国的科学家和工程师将少于 67.5 万人。就像对 20 世纪 50 年代德维特和科罗尔研究的反应一样，20 世纪 80 年代对人才短缺的戏剧性恐慌帮助释放了联邦政府慷慨的开支。[24]

　　与德维特和科罗尔的研究不同，20 世纪 80 年代，美国国家科学基金会的研究并没有给许多观察者留下深刻印象。为了与里根政府时期更广泛的经济模型保持一致，这项研究根本没有考虑需求，只研究了供给方面的变量。然而，直到 20 世纪 90 年代初，苏联解体，"冷战"意外中止之后，很少有人怀疑过这项政策的正确性。[25]

就像上次一样，本来可以很容易地借助真实性检查发现问题，但稀缺性的话题又从炒作到放大再到反馈，占了上风。第二次泡沫破裂，引发了美国博士级科学家和数学家两位数的失业率。大量的年轻人被吸引到研究生院，他们中的许多都获得了联邦政府资助的奖学金，并被承诺将有大量的学术工作。这一结果引发了国会辩论激烈的听证会，并最终导致美国国家科学基金会政策研究分析部门的解散，因为该部门做出了完全错误的供给侧预测。[26]

我在1993年进入研究生院时，恰巧亲历了第二次泡沫的破裂。当我刚开始专业学习时，就开始关注学长们毕业的动向。前几年每年还都有好几个教师职位在物理学楼中发布。但很快即使优秀的学生也只能去竞争一个偏远大学的职位了。在我读研究生的几年里，随着学术界的就业市场越发惨淡，我们系新毕业的粒子物理学博士几乎都奔赴了华尔街，去从事金融业的"量化"工作了。[27]（我姐姐去了一家金融公司，也鼓励我加入他们。"他们喜欢你们这些物理学家，"她说，"你可以去做金融衍生工具。"当我告诉她我每天正在从事衍生品工作时，她把我满是微积分的作业问题和她心目中的"抵押债务义务"之类的奇怪创作搞混。她翻了个白眼。）那些年轻的物理学家似乎都不明白，他们逃离一个泡沫，只是为了帮助去刺激另一个泡沫。

8. 如何教授量子力学

　　1961年秋天，理查德·费曼（Richard Feynman）发起了一项新的实验。他和加州理工学院的几位同事一起，决定改革物理专业的课程。他们改革的主要目标是：要在本科生入学第一年就向学生介绍现代物理学中最令人兴奋又最深奥的内容。他们希望通过这种方式，去激发年轻学生的想象力，而不是让他们先学习重要但无趣的基本概念。新教学大纲的核心是量子理论，它占据了一年课程的1/3。[1]

　　费曼与他的同事罗伯特·莱顿（Robert Leighton）和马修·桑兹（Matthew Sands）创作出了富有激情的新讲义。费曼以他一贯的热情录制了每一段录音，之后莱顿和桑兹转录了录音。不久，这门新课程就引起了几家出版教科书的出版商的注意。费曼和他的同事们有自己的行事作风，莱顿起草了一份带有表格的信件发给各出版商，让有兴趣的出版商在三周内投标。这与通常作者向出版商提交选题表的正常程序相反，出版商要说明他们能以多快的速度出版这些书、新教科书的售价、版税的多少，以及出版商

图 8.1　理查德·费曼在哈佛大学的一个本科班的大阶梯教室内讲课，加州理工学院，1956 年。像这种讲座的录音形成了费曼物理学讲座的基础，第一次发表于 1963—1965 年。（图片来源：加州理工学院档案馆提供，经 Melanie Jackson Agency，LLC 许可使用。）

愿意承担多少的额外费用等。[2]

　　最后，费曼和他的同事们选择了与爱迪生－韦斯利出版社（Addison-Wesley）合作。在书出版之前，一位销售代表做了一次校园调查，以了解各物理系教师对这本书的兴趣。这位销售代表在向出版社社长汇报时，难以抑制激动的心情："一句话，在所有物理系！引起了极其热烈的反响！许多教员都对这本新书感到赞叹，我几乎花了一生的时间才带着费曼的书离开了一位教师的房

间，他只想一遍一遍地读，不肯停下来。另一位教授本来爱搭不
理，当看到这本书的草稿时，态度立刻转变，因为他只想要这本
书的复印件。"所以在销售代表为期两周的调查中，本书的消息快
速流传开来。那位想要复印件的教授说："如果一年能让费曼来一
两次，我的教学任务就达成了。我不知道谁签约了费曼，但我建
议你请他吃一顿火鸡圣诞晚餐！"[3]

销售代表的直觉证明是正确的。费曼的物理学讲义在出版后
的 6 年内销售了 13 万余册，尽管费曼本人后来承认，教学实验设
计得有点儿过于激进，有些材料被证明对新生太具挑战性。不管
怎样，费曼的物理学讲义一直卖得很好，直到今天仍在加印，这
主要来自追求进步的学生，甚至是教师的需求，他们持续购买这
套书用来自学。[4]

在费曼、莱顿和桑兹的示范效应下，到了 20 世纪 60 年代初，
他们的很多同行都开始向越来越年轻的学生传授量子理论。考虑
到大学课程的变化发展通常是缓慢的，比较而言，费曼讲义所代
表的变化确实是非同寻常的。此前的 20 年中，美国的许多物理学
家甚至没有修过此时物理学科的任何一门课程就获得博士学
位了。[5]

在时代变化中，一些人对快速的变化不太适应。范德堡大学
（Vanderbilt University）的一位教授称自己是"一个守旧的人"，他
建议"孩子们在吃甜点之前应该先好好吃饭"，至少对这位导师来
说，量子理论显然是甜点，他觉得如果没有适当均衡的饮食，很

容易导致智力的消化不良。[6]

另一些人，比如罗伯特·奥本海默观察到了一些更细微的变化：不是关于教什么，而是关于如何教。自从爱因斯坦、薛定谔、海森伯、狄拉克等人提出量子理论以来，这个理论便处于持续的争议之中。它的许多核心概念：不确定性原理、薛定谔的猫、量子纠缠等，似乎与传统的物理理论不一致，更不用说对常识的违背了。然而，就在费曼、莱顿和桑兹开设新课程的几年前，奥本海默曾向他的同事了解过是如何教授量子理论的，他说："这门学科不是作为一段历史，不是作为人类理解的伟大冒险，让学生来理解和探索新现象，而是变成一种知识，作为一套技术，作为一门科学学科在教授。量子力学已经成为科学家的一种工具，一种理所当然可以随时使用的工具，并把这种工具用来教授，就像我们教孩子拼写和加法一样。"[7]

奥本海默在20世纪20年代从欧洲游学回国后，成为最早将量子理论带回美国的人之一，他在伯克利分校的量子理论课程很快就出了名。然而，第二次世界大战后，当其他同行也开始开设量子理论课程时，正好赶上物理专业的急剧变化，以及随之而来的物理学入学人数的急速膨胀，这影响了年轻物理学家教学的各个方面。在20世纪50年代，奥本海默充满忧虑地注意到战后这一普遍的变化——量子力学教学不再是一种探险，而是成为一种工具。面对蜂拥而至的入学人数，美国各地的物理学家在课堂上筛选出了可以算作"量子力学"的范围。像奥本海默这样曾经寓言式的老师，喜欢与一小群学生探讨前沿的挑战性概念，但战后的教员，却将授课地点从亲密无间的教室改成了大讲堂，层层叠叠的座位上挤满了越来越多的学生，他们的目标是进行量子力学的训练，以使学生成为熟练的原子领域计算器。

: : :

奥本海默的物理学之路可谓一帆风顺。他 1904 年出生于纽约市一个富有的犹太移民家庭，中学时连跳几级，之后进入哈佛大学读本科（他把那时的自己描述成一个油滑的、令人讨厌的乖孩子）。在哈佛，他每学期都选修很多额外的课程，只用了三年就毕业了。在他本科的第一年，他便被邀请跳过物理入门课程，直接进入博士水平的课程。[8]

对于那些对理论物理感兴趣的优秀美国学生来说，奥本海默便是他们的典范，他随后前往欧洲攻读博士学位，先在剑桥大学学习，然后转到哥廷根大学。在那里，他在马克斯·玻恩（Max Born）的指导下学习，与玻恩、海森伯等人合作研究量子力学，他疯狂地工作，试图解开奇妙的量子世界的密码。在哥廷根，奥本海默快速吸收着新知识，发表了多篇研究文章，并在 1927 年春天完成了博士学位，那时离他 23 岁生日还有 1 个月。[9]

在完成短暂的博士后学习之后，奥本海默于 1929 年接受了加州大学伯克利分校和加州理工学院的邀请，两所大学相距 370 英里。两所大学都很想雇用他，于是它们互相妥协，达成了一个约定：奥本海默秋季在伯克利任教，然后在冬季和春季期间去加州理工学院任教。在伯克利的第一学期，他为研究生讲授了一门量子力学选修课。25 个来上课的学生中只有一个是为学分而来。在第一堂课上，奥本海默便飞快地把一整本教材讲完了，以至于学生们都纷纷向系主任抱怨，奥本海默却反过来说，他已经讲得很慢了。然而，不久之后，他便逐渐形成了引人入胜的授课风格。[10] 当时的研究生们经常多次选修伯克利分校的量子力学课程；一个学生甚至用绝食抗议的方式逼迫奥本海默，让她可以第四次选修这门课程。[11]

早在 1939 年，奥本海默的一名学生把他的笔记整理出来，制作了大量的复本，这个笔记复本很快被广泛流传开来，成为研究物理学中的哲学问题的最佳范本。奥本海默在一堂堂的授课中，不仅专注于以薛定谔的波函数为核心的新的数学形式，也对量子力学不寻常的物理解释而着迷。他赞赏玻恩对几率密度 $|\psi|^2$ 的解释，强调这是对古典物理学僵化的决定论伟大的概念突破。运用牛顿定律，甚至爱因斯坦的相对论，物理学家能够严格计算出事件 B 根据事件 A 而必然发生。但在量子力学的新世界中，物理学家却只能计算其可能性：事件 B 在一定的概率下因事件 A 而发生，物理学家只能知道这些，而无法获取更多的知识。奥本海默也曾经进行爱因斯坦式的尝试，试图绕过海森伯的不确定性原理，用了各种方式，但最终证明这些努力注定是失败的，但他用这种方法引导他的学生进行了一次又一次研究和计算。[12]

奥本海默的教学方法在当时也并不是独一无二的。费利克斯·布洛赫（Felix Bloch），瑞士移民，犹太人，1934年逃离纳粹之前曾与海森伯一起学习，他在斯坦福大学以一种非常相似的方式教授研究生阶段的量子力学课程。在整个20世纪30年代，加州理工学院的研究生在资格考试中都面临着令人头疼的量子力学难题。从1929年开始，加州理工学院的学生们开始在复习时专门记下考试时考官可能提到的问题。例如："说一下什么是ψ函数及其物理意义。"或者问"请解释一下$\psi(x)$。另外，薛定谔方程是否随时间而变化？"这包含了一个敏感的问题：波函数是如何在测量中从概率域坍缩到一个点的？也可能是"请分别讨论一下量子力学和经典力学中观测的本质。"[13]

美国物理学家编写的第一批量子力学教科书在开篇中就强调，学习量子力学需要面对"哲学难题"，而这些难题是挥之不去的。在计算氢原子内电子能级标准模型的过程中，有人就提出，如果没有实验能够区分这些数学解，那它们是否真的具有物理意义呢？教科书中甚至有一章的标题就是"观测与解释"。回顾20世纪30年代的教科书，当时的教师普遍认为，使用哲学性表达在量子力学的教学中是必要的。他们可能不同意书中的某些具体解释，但鼓励教科书应提出这样的解释性问题。[14]

∵∴

战后不久，随着美国越来越多的物理系开设了量子力学课程，教学方式逐渐开始转变。到 20 世纪 50 年代，已经很少有老师对如何更好地解释不确定性原理，以及概率在量子力学形式中的表达感兴趣了，也很少有人会停下来分析各种氢原子波函数的哲学观点了。

变化发生得很快，一些加州理工学院的学生，在研究了之前的考题后，惊讶地说："花力气去分析悖论和反常逻辑对考试有什么用处？现在面对的是解决标准计算的问题。"多数老师也建议他们的同学在回答量子力学计算时按照标准模式回答即可，一名学生甚至说量子力学考试只要背过标准计算答案就可以了。研究生也发生着类似的转变，在 20 世纪 40 年代，关于量子力学解释问题的开放性的探讨，在美国各大学的资格考试中都很常见，但到 20 世纪 50 年代中期，从斯坦福大学、加州大学伯克利分校到芝加哥大学、宾夕法尼亚大学、哥伦比亚大学和麻省理工学院，这些基本都被一系列标准计算方法取代了。[15]

教学模式的转变与招生模式密切相关。在 20 世纪 30 年代，奥本海默在伯克利的课程听课学生一般为 20 多人，但随着战后入学人数迅速上升，到 20 世纪 50 年代中期，研究生一年级的量子力学课程通常都要 40 到 60 名学生一起上课；伯克利的系主任向院长抱怨说，招收学生人数最多的两个学校，就是伯克利和麻省理工学院，学生人数已经超过了 100 人，"这是任何一所受人尊敬的大学都不应该容忍的耻辱"。但也有少数学校的院系，研究生一年级的量子力学上课人数起初相当少，只是后来才逐步增加的。

不管怎样，看一下不同阶段的课程讲义就可以发现明显的差异，随着入学人数增加了 3 倍，讲义中量子理论的概念解释和哲学探讨的部分减少了 5 倍。[16]

除了统计数字之外，从课堂讲稿上也能看出明显的不同。比如洛塔尔·诺德海姆（Lothar Nordheim）1950 年春在杜克大学教授的课程。像许多物理学教师一样，诺德海姆在战争年代也曾负责战时项目，他在 1945 年至 1947 年曾担任田纳西州橡树岭实验室（分离铀 235 可裂变同位素的主要实验室）的物理部门主任。1947 年，他离开橡树岭前往杜克大学，但没待多久，1950 年秋天，他被调到绝密的氢弹项目组，后来又去了与核武器相关的主要国防承包商通用原子公司（General Atomics），担任理论物理部门的主席。诺德海姆对军方研究并不陌生，他非常擅长从量子力学的方程式中，在有限时间内，找出需要的结果。[17]

然而，1950 年在杜克大学讲授量子力学课程时，诺德海姆却坚持让他的学生专注去理解量子力学的概念。在小班课的第一堂课上，他就要求学生们去理解陌生的量子力学概念。为了让同学们去理解概率的真正意义，他问学生们："这对因果律有什么影响？"一个学生在自己的笔记中简单地记录道："该死的，我怎么知道！"为了让大家明白这一点，诺德海姆又花了两节课时间来讲解著名的双缝干涉实验——海森伯和薛定谔都喜欢列举这个实验，在量子理论的早期，正是这个实验，证明了量子的波粒二象性、叠加性和测不准原理等量子的本质特征。诺德海姆对量子隧穿概念的讲解也是如此，当他描述这个反直觉的过程时，他对他的学生说："在这里讨论因果关系是没有意义的，因为我们永远不可能在任何时候都完全了解事物的所有状态，因为不确定性原理。因此，我们要抛弃理想化观测的经典物理思想。"[18]

在全国各地的物理教室中，物理学家们在讲量子力学课程时，都非常乐于分享诺德海姆的经历——秘密的、大规模的战时项目，他是战后国防项目的首席顾问。当诺德海姆还在给十几个学生讲课的时候，其他学院课堂学生的数量却在不断扩大。在芝加哥大学，比起讲解海森伯测不准原理，费米已经开始花更多的时间来推导拉盖尔多项式的性质，拉盖尔多项式是用来量化氢原子中电子行为的数学函数。在康奈尔大学，汉斯·贝特（Hans Bethe）则直接说了一句精辟的话：不要试图绕开测不准原理，这就像设计永动机一样注定徒劳无功。费曼在为越来越年轻的学生热情洋溢地讲述量子理论时，也在课堂上明确表示，真正的目的就是学好计算。在他的量子力学研究生课程讲稿中，他告诫说，战前奥本海默和战后诺德海姆的讲义中充斥的解释性问题都是一些哲学问题。当诺德海姆停下来让同学们思考量子隧穿概念的本质时，弗里曼·戴森（Freeman Dyson）在康奈尔大学正在给数量 3 倍于诺德海姆的学生快速讲述如何采用常用的计算方法来处理核物质的各种状态，如氘核。戴森在他的第一堂课上就明确说，他不会非常严格地遵循教科书来讲，因为那里面有太多哲学问题了。[19]

: : :

战后不久出版的两本著名的教科书进一步说明了这一趋势：列奥纳德·希夫（Leonard Schiff）的《量子力学》（1949）和大卫·玻姆（David Bohm）的《量子理论》（1951）。希夫和玻姆在20世纪30年代曾在伯克利与奥本海默一起学习；两位作者都承认奥本海默的课程对他们自己的教学有很大的影响。然而，这对看似互补的教科书在侧重点上有着显著的不同，但同样被誉为出版界的巨大成功。[20]

列奥纳德·希夫曾在1937年至1940年跟随奥本海默读博士后。他后来加入了斯坦福大学。1949年，他的《量子力学》一经问世便好评如潮。希夫的书是典型的工具方法式的量子力学教学方式。奥本海默在薛定谔方程上停留了很长一段时间，来探讨其中出现的许多概念上的困惑，但希夫基本上省去了这些哲学上的细节，"我们是要讨论物理，而不是哲学"，他在上课的第一天便这样说。[21] 希夫用书的开篇几页就讲完了奥本海默讲稿中将近20%的内容，希夫的教科书被广泛赞誉是最好的习题集合，为他的目标读者提供了恰到好处的难度水平。[22]

大卫·玻姆也是在奥本海默的指导下，于1942年完成了博士学位，并在普林斯顿大学任教几年后于1951年出版了他的《量子理论》一书。1947年和1948年，普林斯顿的物理系人数还不太多，他就在课堂上使用了这本书的原始讲稿。（当时的入学人数是每个班大约 20 名学生，规模与奥本海默在伯克利分校时相似。）就像希夫的书一样，玻姆的书一开始也受到了热烈的赞扬——"一部难得一见的科学佳作，清晰透彻，引人入胜"。其中一位评论家如此评价道。与希夫的方法不同的是，玻姆在开篇的几章中详细阐述了奥本海默所强调的哲学挑战和概念困惑，直到第 191 页，薛定谔方程才出现，而希夫在 21 页就已经提到这个方程式了。[23]

玻姆在编写教科书时所采取的概念上的谨慎态度给评论家留下了深刻的印象。其中一位称赞"在数学形式与概念诠释之间达到了完美的平衡"；另一位则将玻姆和希夫的书相比较，认为玻姆是希夫唯一的竞争对手。尽管只有玻姆 2/3 的篇幅，但希夫的书更详细地论述了量子力学的数学形式。对于两本书的内容，这位评论员继续说："玻姆的书给出了更清晰、更易懂的解释，这是值得赞扬的。"[24]

尽管这两本书的开篇同样充满希望，但它们的作者遭遇了截然不同的命运。希夫成为斯坦福大学的系主任，并很快成为麦格劳·希尔出版公司的颇具影响力的系列教科书主编。与此同时，在玻姆的书出版几个月后，他却被迫辞去了普林斯顿大学的职位，并很快离开了美国。在非美活动调查委员会（House Un-American Activities Committee）就所谓战时"曼哈顿计划""共产主义渗透"的调查中，他被传唤出庭做证时拒绝透露任何姓名。玻姆后来逃到了巴西，在那里，他被没收了美国护照。几年后，他搬到了以色列，最终定居在伦敦。希夫的书有两个广受欢迎的最新版本

（1955 年和 1968 年）；但玻姆的书在他有生之年再也没能再版过，他出版量子力学后续教材的努力也遭到了制止。[25]

奥本海默在伯克利分校的学生爱德华·格朱伊（Edward Gerjuoy）负责弄清楚这两条迥然不同的发展路径。20 世纪 50 年代中期，他对希夫著作的第二版做了一次评论：希夫在第二版扩展内容时，在概念性或解释性上的篇幅更少了。格朱伊发现，希夫的书每一个版本都很少关注诸如相关性、不确定性、互补性和因果律等问题——这些问题在玻姆的书里却占据了大量的篇幅，这种鲜明的对比令人惊讶。格朱伊能够理解希夫在修订版中减少这些话题的用意，"讲授这些话题几乎没有什么用处，只会让困惑的学生不知道该如何回答，学生的笔记肯定会让老师更为难，以至于老师不再愿意就这些题目再提问他的学生"。因此，希夫把精力花在有建设性的题目上：如果学生"深谙详细的代数复杂性，他就很容易说服自己相信，这意味着他正在学习量子力学"。尽管格朱伊能够理解希夫的教学选择，但他回想到自己在伯克利分校与奥本海默的学习经历，不由得质疑："希夫那样是否正确？直接跨越量子力学的哲学问题，让学生从来没有机会思考深度的问题。"[26]

尽管格朱伊提出了疑问，但希夫的教科书很快成为典范，它习题汇总式的教学方式特别适合教大班学生。当被问及是否有必要出版希夫的书的第三版时，伯克利分校的一位教授给出了一份长达 16 页的评价报告，解释了为什么前两版会如此成功："我相信主要原因是，希夫的书是一本非常实用的书，阅读这本书的读者能真正获得量子力学的实用知识。一个学生在使用这本书时，能看到许多精心挑选的有应用价值的示例，通过这些例子，能快速让你了解这一切是如何运作的。"这是伯克利分校的物理学家们所欣赏的，学生也比较认可，一名学生说："我对这种呈现方式非常满意，这本书让我忙得不可开交，以至于没有时间对量子力学的真正含义进行那些伪哲学式的猜想。"[27]

美国各地许多物理学家也给出了类似的评价。20 世纪 50 年代到 60 年代，评论家对量子力学教科书中的哲学立场进行了评估，他们一致称赞最新的作品"避免了哲学上的讨论"，并且忽略了"有瑕疵的哲学问题"，因为这些问题分散了人们学习计算的注意力。麻省理工学院的物理系主任赫尔曼·费什巴赫（Herman Feshbach）说："我们已经受够了关于位置和动量为什么不能同时获知的古老问题了。"[28]

新方法塑造了教科书的新内容。1949 年至 1979 年，美国总共出版了 33 个版本针对研究生一年级的量子力学教科书。这些书总共包括 6261 个习题（这里面可能有不少是重复的）。其中，大多数要求学生掌握方程计算，例如，薛定谔方程变量计算以及各种积分计算。只有大约 10% 的问题需要学生用文字来讨论他们的观点。这种教学模式却一直让一些年长的物理学家感到不适应，他们和奥本海默一样，亲历了量子理论惊人的概念发展。直到 20 世纪 60 年代初，仍有人觉得，随着大量新教科书的问世，物理学教授们把容易教授的数学知识与学生最需要理解的物理概念搞得本末倒置了。[29]

然而，当在入学人数再次骤减之后，更新一代的教科书出现了，习题组合出现明显不同。例如，罗伯特·艾斯伯格（Robert Eisberg）和罗伯特·瑞斯尼克（Robert Resnick）在 20 世纪 70 年代早期出版的巨著《原子、分子、固体、原子核和粒子的量子物理学》。当他们的书在 1974 年出版时，物理学研究生入学人数已经从 20 世纪 60 年代的峰值下降了 60% 以上。艾斯伯格和瑞斯尼克的书反映了新的课堂现实。本书除延续了希夫经典的第三版中数以百计的量化问题之外，艾斯伯格和瑞斯尼克在每一章的结尾还列出了长长的"问题讨论"的清单。例如："黑体总是呈现黑色吗？""解释一下黑体这个概念。""下面的说法犯了什么样的错误：既然我们无法探测到一个粒子是否穿越了障碍物，那么是否可以说这个过程是毫无意义的？"这个问题直接回敬了诺德海姆之前的观点。无独有偶，由莱斯大学的三位物理学家撰写的《原子、分子和固体量子态》（1976）一书，也采取了半数以上的定性习题讨论方式。[30]

∴ ∴ ∴

在 20 世纪 50 年代早期，伯克利分校的一位年轻的理论物理学家发现，臃肿的班级规模影响了科学研究和教学风格。这位理论物理学家在伯克利分校物理系任教一年半后就被解雇了，解雇他并不是因为他在研究方面没有成果，也不是因为他的教学有问题，系主任认为，这位年轻教授在这两方面都做得非常出色，解雇原因是他选择的研究课题与新的教学要求非常不符。

他专注于量子场论中相当深奥的主题。尽管这个题目很有可能被证明很重要，但系主任认为目前还没有通过一次重要的检验，因此研究还为时过早。系主任解释说："初级教师在选择研究课题时，需要考虑为其研究生提供合适的衍生项目，准确地说，可以是不平凡的课题，但同时也不能太难或太费时。无论这位年轻物理学家的研究最终能否成功，都不是那种可以轻易用于获得博士学位的课题。伯克利分校物理系每年招收200多名研究生，我们需要的是一个对我们更有用的人。"事实上，系主任很快颁布了新的初级教员的晋升办法，目的是最大限度地发挥帮助研究生设计适当课题的能力。[31]

虽然美国没有几个学院像伯克利分校那么大，或者说像伯克利分校那样膨胀得这么迅速，但大多数学院的物理系都感受到了战后招生热潮带来的压力。与伯克利分校相比，斯坦福大学物理系的老师们为自己系里能够提供亲密小班而感到自豪。在20世纪50年代早期，每年都有10~12名新生入学，斯坦福大学的教员们详细记录了每个学生的面试表现，面试是从课程学习跨入论文研究的阶段性考验，记录中的学生的表现经常是"知识面不足，不善言辞，回答时犹豫不决"或"镇定自若，脚踏实地"。然而，到20世纪50年代末，斯坦福入学的学生人数很快上升到每年入学

图 8.2　理查德·费曼正教授他的非正式课程"物理学 X",于加州理工学院,1976 年。(图片来源:弗洛伊德·克拉克摄,加州理工学院档案馆提供,经 Melanie Jackson Agency, LLC 许可使用。)

30 人,1969 年达到峰值 37 人,这种个性化的面试也就随之停止了,笔试也从作文变成了计算题;为了减少评分的负担,教师们甚至还试图进行真假考试。[32] 伊利诺伊大学的物理学家们也面临着同样的压力,1963 年,学生们游说学校需要建立一个"不及格收容所",并开玩笑地呼吁师生之间签订"禁考条约"。[33]

　　但很快,情况就变了。1970 年只有 18 名研究生进入斯坦福大学的物理系,1972 年只有 16 名。这时,该系再次对综合考试进行了全面改革,恢复了"一部分的论文和讨论题"。1972 年 9 月,修订后的考试有 40% 的问题中采用了简答题或论文题,这一比例几乎是之前考试的两倍。同年，该系甚至还举办了一次名为"物理学中的推测"的非正式研讨会，而在 20 年前，正是因为做同样的事，那位伯克利分校的年轻物理学家却被解雇了。[34] 费曼也处在加州理工学院转型时期。他开设了一门非正式课程——"物理学 X"，并对那些热衷于了解有趣的科学问题的本科生开放。一张照片显示，1976 年，费曼在黑板前做着手势，穿着随意，第一排的学生戴着运动头带，脚放在桌子上听讲。[35]

从来不存在一种"最好"的教授量子力学的方法。尤其是在第二次世界大战后美国大学的物理系入学人数暴增驱动的实用主义背景下，比如希夫那本广受好评的教科书中，留给研究生一年级学生的习题，如果放在 10 年或 20 年前，顶尖的物理学家也会被难倒。然而，大量计算的训练积累产生了一些不被察觉的变化。对于在 20 世纪 50 年代和 60 年代的物理系学生来说，他们学习了很多巴洛克式的复杂运算，却很少去寻求奇特的方程式背后的意义，而这些意义可能隐含着对量子世界的真正理解。[36] 那些关于量子理论以及量子物理学家的各种理念，随着物理系学生的狂增而骤减，花开花落。

9. 禅宗与量子

有些书籍可以成为一个时代的图腾或标志,当你在二手书店里碰到它时,翻看和抚摩间就会产生时空的联想,联想到在何时何地,我们第一次遇到它。对于世界各地的读者来说,弗里乔夫·卡普拉(Fritjof Capra)的《物理学之"道"》(*The Tao of Physics*)就是这样一本书。卡普拉的这本神奇的小册子于 1975 年首次出版,很快便引起了出版界的轰动。这本书出人意料地成功引发了一股跟风浪潮,使关于量子理论之谜的大众科普图书重新热了起来。这本书的主要观点是:现代物理学与东方神秘主义的古老智慧不谋而合。其实,这一观点并不是完全创新的,早在 20 世纪 20 年代到 30 年代,量子理论先驱就发表过类似的声明。例如玻尔以及薛定谔都曾提出过相似的类比。但之前的这些观点,并没有引起太多关注,而这一次,卡普拉的小册子获得了大众的热议。对于当时的反文化思潮来说,这本书提供了一种西方科学与 21 世纪热情的完美结合。

20 世纪 70 年代,卡普拉的《物理学之"道"》开启了硬核科学与反文化思潮的交锋与融合，并让彼此交织在一起。这本书不同于以往的写作方式，使得原本远离大众的学术物理学忽然有趣和时髦起来。[1]

为了理解卡普拉的书在那个时代所扮演的角色，我们必须先将目光回到 1945 年之后。20 世纪 50 年代和 60 年代，物理学专业学生人数的激增，加速了量子力学等学科的授课方式的改变。然而，学生人数的惊人增长被证明是不可持续的，在 20 世纪 70 年代课堂环境突然逆转，再次为回归以追根溯源为宗旨的教学方式开启了空间。这时，受到当时反文化运动的影响，那些与正统课堂教学不同的多元化内容在北美大学校园里逐渐升温。这个时代出现了很多标志性书籍，既有面向大众的通俗读物，也有面向理科学生的教科书。其中，卡普拉的《物理学之"道"》是这些标志性书籍中最具代表性和最成功的一个，它使得各种角色在同一本书中完美地融合在了一起。[2]

: : :

本书与它的作者一样，经历了很长的旅途才来到了美国的教室中。卡普拉出生在奥地利，1966 年在维也纳大学完成了理论粒子物理学博士学位，并在巴黎获得博士后奖学金。1968 年 5 月的学生运动和大罢工深深地影响了他。他那时遇到了当时正在巴黎休假的一名加州大学圣克鲁斯分校的资深物理学家，这名教授邀请卡普拉到圣克鲁斯进行后续的博士后研究，卡普拉欣然接受。

他 1968 年 9 月到达了圣克鲁斯。[3]

　　卡普拉在加州开阔了视野。他后来写道："我在圣克鲁斯过着有点儿精神分裂的生活，白天是勤勉的量子物理学家，晚上则成了嬉皮士。"卡普拉的政治观点受到了 1968 年巴黎大罢工的影响，来到美国的他不仅参加美国黑豹党的演讲和集会，参加抗议越南战争的游行，还接受了"摇滚音乐节、致幻药、性自由和群居生活"，完全成为圣克鲁斯反传统文化的一分子。此时，受他的电影制作人兄弟的影响，他开始探索东方的传统精神，不仅阅读大量这方面的书籍和文章，并开始参加当地的佛教、印度教和道教专家艾伦·沃兹（Alan Watts）的讲座。[4]

　　1969 年夏天，在圣克鲁斯的海滩上度假的卡普拉感受到使命的召唤。当时，他看着海浪进进出出，陷入恍惚。正如他后来描述的那样，他感受到周围的物理世界呈现出一种新的样子：沙子、岩石和水中的原子和分子正在振动，来自外太空的高能宇宙射线正在击中大气层，这些不再是学校里学习的公式和图表，他以一种新的、发自内心的方式感受到了它们。他感知到，这便是印度教神话中的湿婆之舞。受海滩体验的启发，他很快注意到量子理论和东方思想之间的相似之处：例如，强调整体以及相互之间的联系，强调动态的相互作用，而不是静态的实体。[5]

　　1970 年 12 月，由于签证到期，卡普拉只能返回欧洲。由于没有新工作，他开始与一些人联系，看能否找到一份稳定的工作。他来到伦敦帝国理工学院的理论物理系，他在加州曾经见过该系的主任。但这里并没有职位可以提供给他。当时，这位英国物理系主任的财务状况并不比他好多少，但由于当时经济衰退，至少有些桌子空了出来，于是卡普拉在帝国理工学院留了下来，没有职位，没有收入，只有一个他可以称为办公室的角落。[6]

卡普拉的经济状况很快变得越来越糟，他做家教等各种兼职工作，并为《物理学报告》（*Physikalische Berichte*）写物理学综述文章。这段时间，在空闲时间，他会深入阅读东方的经典著作，这种对东方文化的探索欲望，既来自艾伦·沃兹的教导，也缘于自己的海滩经历。他计划利用他学到的物理学知识，写一本关于量子物理学的教科书。他想，如果他能尽快地写完，并且能有一家出版商对这本书感兴趣，他就可能暂时摆脱当时的财务窘境。如果运气好，还有可能会帮他谋求个教师职位也说不准。[7]

1972 年 11 月，他开始着手起草提纲，并展开写作。这时，他联系了麻省理工学院的维克多·韦斯考普夫（Victor Weisskopf），韦斯考普夫算是卡普拉的维也纳老乡，在当时也算是一位知名人士了，而且他们最近刚在意大利见过面。韦斯考普夫刚结束日内瓦欧洲核子研究组织（CERN）总干事的任期。当卡普拉向他寻求建议时，这位年长的物理学家也正在开启副业科普作家的生涯，他已经成功出版了一本非常有影响力的有关核物理的书，韦斯考普夫一直炫耀说，他写的这本书是麻省理工学院图书馆被盗次数最多的一本书。因为他们暑期在意大利学校相遇时韦斯考普夫就向卡普拉建议过写书的事情，所以当卡普拉开始写作时，便第一时间把他的章节大纲发给韦斯考普夫，希望能得到好的建议。他还希望韦斯考普夫能利用他的关系，帮助找一家出版商，争取些预付版税，以补生活之需。[8]

他们的信件来往频繁，韦斯考普夫给了卡普拉很多建议，甚至细致到章节中的细节。卡普拉对韦斯考普夫的帮助非常感激，同时也希望韦斯考普夫在出版上给予更多的帮助。"正如你所知，钱的问题对我来说太重要了。"卡普拉在1973年1月的信中说，"我想知道什么时候可以与一家出版商签约。很抱歉因为这些问题打扰你，但我现在确实没有太多时间写书，因为如果没有钱，我只能靠花更多的时间打零工来维持生计。"韦斯考普夫的回复却避开了卡普拉这一最迫切的问题，更多的是对书稿作出评论。于是，卡普拉只能一遍遍重申，他非常需要找到一家出版商，获得一些资金的支持。[9]

一段时间后，韦斯考普夫回复了卡普拉的问题："我喜欢你的风格，发现很多东西都表达得很好，我想再次鼓励你继续完成手稿。你应该等到手头有了一份完整的手稿后再去找出版商。你还应该明白，现在很少有出版商会为教科书提供预付款了。我理解你需要资金支持，但我想你应该认清现实，因为这本书主题的限制，它不会带来多少钱。最佳的结果也许就只有1000美元的稿酬。"韦斯考普夫向卡普拉建议说，编写一本教科书是一项高尚的事业，但绝不是一个快速致富的方法。[10]

就在这时，卡普拉接到了访问伯克利分校的邀请，并与物理学家杰弗里·丘（Geoffrey Chew）的团队进行了一些会谈。（卡普拉之前曾发表过一些文章，将杰弗里·丘的粒子物理学核心概念——一种自洽粒子的"引导"——与佛教思想的核心学说进行了比较。杰弗里·丘把这些论文交给了两个研究生，他们又促使杰弗里·丘邀请卡普拉。）到加州后，卡普拉还与他在圣克鲁斯的前博士后导师进行了交流。他们讨论了卡普拉的图书项目：继续探索东方的传统精神，并推进他的教科书。在卡普拉看来，他的导师是一位"相当冷静和务实的物理学家"，他完全无视周围的反文化潮流，但他鼓励卡普拉将自己的兴趣与他的写作结合起来。并鼓励他，与其写一本物理教科书，不如把重点重新放在探索现代物理学与东方思想之间的相似之处上。自从卡普拉有了在海滩上的超然经历，东方思想就一直吸引着他。在韦斯考普夫告诉他残酷的现实之后，卡普拉采纳了他导师的建议。回到伦敦后，卡普拉开始撰写关于东方传统思想的新章节，每一章都是关于印度教、佛教、儒学、道教和禅宗的，并将它们与他已经撰写的教科书章节交错在一起。[11]

卡普拉逐渐发现这应该是一条正确的道路，并开始尝试让出版商对这本书感兴趣。在经历了不少拒绝之后，终于有一家伦敦的小出版社同意赌一把，甚至给了卡普拉梦寐以求的一笔预付款，足以让他可以顺利地把书写完。完成手稿后，卡普拉又引起了一家美国小出版商的兴趣，在美国也推出了一个版本：这家只有5年历史的出版社，成立于伯克利，专门出版有关东方神秘主义和灵性的书籍。因此，在 1975 年，英国和美国同时出版了《物理学之"道"》一书。[12]

几个月后，卡普拉向韦斯考普夫赠送了一本样书，当时他们两人在加州参加一个会议。韦斯考普夫在飞往马萨诸塞州的飞机上便读了大部分内容，他后来对卡普拉说："非常喜欢它，但我很难判断你是否成功完成了任务，因为这本书面对的可能是比你想到的更为特殊的读者群。不过，我相信，这是一本好书，很多人读完后会对物理学有更好的了解。"但是，韦斯考普夫和卡普拉一样担心一些读者可能会因书中关于"道"的思想而吓跑，但他也觉得不可能让每个人都满意。最后，他祝福卡普拉："我希望你这次能够成功，希望书能有好的销量。"[13]

事情进展很顺利。书的第一版印刷 2 万册，一年多的时间就卖光了。出版社在 1977 年推出了一款袖珍版，作为其"新时代"系列的一部分，首印为 15 万册。到 1983 年，又印刷了 50 万册，并翻译成各种语言的版本。25 年后，这本书取得了真正的轰动地位：43 个版本，包括 23 个译本，从德文、荷兰文、法文、葡萄牙文、希腊文、罗马尼亚文、保加利亚文和马其顿文到波斯文、希伯来文、中文、日文和韩文，在全世界销售了数百万册。[14]

许多因素的叠加使这本书成为畅销书。首先，卡普拉的物理学功底很强，得益于他受过良好的教育。毕竟这本书讲述的物理学部分开始是作为教科书而撰写的，加上这部分又被韦斯考普夫这样的杰出物理学家仔细审阅过，帮助卡普拉厘清了一些不容易表达清楚的概念，如海森伯的不确定性原理和量子非定域性等。其次，他对东方思想的深入研究，虽然宗教文化研究专家可能看不上，但是他真正用心研究的结果。[15] 卡普拉是一位探索者，阅读他能找到的一切资料。他为了完成这本书，花了很多年的时间来学习和体验与他当时所处的世界完全不同的模式，并努力吸收古代东方神秘思想的真知灼见。最后，是这本书完美的出版时机。随着 20 世纪 70 年代中期新时代浪潮的全面爆发，出版《物理学之"道"》一书的条件已经成熟。卡普拉的书充分迎合了当时涌动的思潮，即在宇宙中寻找一些可能超越现实生活的更高意义。当时整个市场就像一大壶快要烧开的水一样，卡普拉《物理学之"道"》的出现成了催化剂，让市场彻底沸腾了。

: : :

当卡普拉配合推销他的著作时，他似乎完全不懂形象包装，一位《华盛顿邮报》记者说："他身材瘦高，一头棕色卷发。褐色的皮肤，背着单肩包，休闲夹克上别着一个阴阳鱼的徽章，看起来更像是一个自我觉醒派的倡议者，而不像是一名物理学家。"卡普拉逐渐在市场中找到了他该有的清晰身份：他肩负的使命不仅是探索现代物理学的基础，而且是改变西方文明的结构，正如他在书的结语中所说："一场真正意义上的文化革命。"在他看来，现代物理学在对现实的理解上经历了巨大的变化，然而大多数物理学家，更不用说广大的公众，都没意识到这一巨变。经典物

图9.1　1977年11月，卡普拉在探寻物理学之"道"。（图片来源：罗杰·梅雷西摄。）

理学的机械而分裂式的世界观早已被量子力学和相对论推翻，但西方社会的文化中丝毫感知不到因爱因斯坦、玻尔、海森伯和薛定谔而产生的变化。他解释说："现代物理学所隐含的世界观与我们现实社会是不一致的，它没有反映出我们在自然界中所观察到的和谐的相互关系。"正确理解现代物理学所取得的成就，特别是在哲学、文化和精神层面的理解，可以帮助我们在世界变得更糟之前，找到世界和谐平衡发展的钥匙。[16]

卡普拉在整个《物理学之"道"》中的主要论点是现代物理学家重新发现了古老的佛经、印度教吠陀和中国古代《易经》的思想。"我们越深入到亚原子世界，我们就越能意识到现代物理学，像古代东方的神秘主义一样，把世界看作是一个不可分割、相互作用、不断相互运动的系统，人是这个系统的一个组成部分。"卡普拉认为，最重要的是相互关联的量子世界中所隐含的有机整体性，量子世界不再是可以无限分割的部分，而是编织成一个无缝的整体。[17]卡普拉还看到，佛家中的"禅宗公案"或"谜语"，道家中"万物负阴而抱阳，冲气以为和"和量子理论的悖论之间有着异曲同工之妙。玻尔提出的互补原理使得物理学家看到的物理世界是对立统一的：既不是波也不是粒子，而是两者都是。卡普拉解释说："虽然现在互补性的概念已经成为物理学家认识世界的一个重要共识，但这并不是他们的发明，事实上，互补性的概念早在 2500 年前就已经在中国先哲的阴阳辩证宇宙观思想中完整地体现出来了，难怪玻尔在家族的盾徽上采用了阴阳符号。同时，爱因斯坦的质能方程 $E=mc^2$ 体现的物质和能量的相互转换，也可以在东方思想中找到对应，甚至空间与时间的统一时空观也可以在东方思想中找到呼应。"[18]

《物理学之"道"》取得了举世罕见的成功，吸引了成千上万的读者，但大多数读者并不是什么物理学家或者专业学者。卡普拉的读者，既有东方宗教的香巴拉信徒，也有工程师、大学生和研究生，以及大量喜欢卡尔·萨根（Carl Sagan）的普通读者。事实上，这本书也同时受到了学术界的大量关注。哲学、历史以及社会学的学术期刊对本书都有所评论。《理论到理论》（*Theoria to Theory*）杂志发表了一篇关于这本书的长篇评论，其中包括了哲学和宗教研究领域三位专家的观点。还有不少社会学家和科学哲学家也对这本书写了大量的评论文章。[19]

最令人惊讶的，还是来自科学界的反应。一部分人也只是如预期的反应，他们轻描淡写地认为这本书只是一个带有东方神秘主义噱头的科学普及读本，而忽视了其反文化的含义。著名的生物化学家和科普作家艾萨克·阿西莫夫（Isaac Asimov）就曾评论，这本书是理性头脑对东方世界的卑躬屈膝。来自哈佛大学的物理学家、《纽约客》杂志的撰稿人杰里米·伯恩斯坦（Jeremy Bernstein）则在书评的结尾处写道："我同意卡普拉说的话：'科学不需要神秘主义，神秘主义不需要科学，但人两者都需要。'但在我看来，没有人需要这本肤浅而又具有严重误导性的书。"[20]

然而，科学界的这些反应绝不是普遍行为。抛开神秘主义不谈，卡普拉确实提供了一个许多物理学家都可以展开讨论的话题。在他作品第一章中就提到了，在西方，许多人特别是青年人具有"普遍的排斥"和"明显的反科学态度"，他们把科学，尤其是物理学，看作是一门缺乏想象力、思想狭隘的学科，而这又造成了整个现代技术的负面性。而这本书的目的在于，让人们看到科学的另一面，看到现代物理学带来的对世界的深刻洞察和乐趣，而远远不是一种单纯的技术概念。正如卡普拉所说的，事实上，"物理可以是一条心灵之路，一条通往精神知识和自我实现的道路"。也有不少评论家注意到了这一点。《今日物理》（*Physics Today*）刊登了康奈尔大学天体物理学家对该书的评论，评论首先表达了该科学界面临的困境：这个时代的"反科学情绪"让卡普拉和他的批评者们都很苦恼，这表现在我们社会的各个层面，从基础研究经费的减少到东方神秘主义思潮的崛起。这对目前科学的发展并不利，评论者认为卡普拉的书之所以取得了巨大的成功，是因为这本书把物理学讲对了。更重要的是，《物理学之"道"》将"抽象的、理性的科学世界观与对学生有强大吸引力的神秘主义直接地、感性地结合了起来"。[21]

巧合的是，就在这个评论出现之际，卡普拉开启了以他的书为基础的伯克利新本科课程。他自豪地向麻省理工学院的韦斯考普夫说，1/3 的学生是理科专业的学生，渴望学习现代物理学的基础知识，这里有他们在其他物理课上学不到的东西。不久，致力于物理学教学创新的《美国物理学杂志》（*American Journal of Physics*）发表文章，讨论如何更好地在课堂上使用《物理学之"道"》。一位早期采用者在提到卡普拉这本书巨大的市场成功之后说："这自然而然地引出了一个问题，一个物理学家如何利用卡普拉的书来让课程变得更有趣呢？"之后的评论写道："任何学习高等物理的人都可能会在某个阶段认识到现代物理和东方神秘主义之间的相关性。否定这些想法很容易，但这样做可能会让学生们失去对新发现的兴趣。这一领域具有激发想象力的潜力，或许应该认真探索，甚至加以开发利用。"随着预算下降和入学人数锐减，物理学家们欢迎任何可能把学生带回教室的方法。[22]

直到 1990 年，整个北美的大学物理课程仍然把《物理学之"道"》列在教学大纲上，注明为"有用的参考"。[23] 当时的评论家开始指责卡普拉的书有可能会迷惑学生，使学生把量子物理中的艰涩概念和东方神秘主义中的一些概念混为一谈，而在此时，一些将卡普拉的书用于课堂教学的物理学家却很快作出反应，一名物理学家说："如果没有卡普拉的书，目前的很多学生估计都不会报考物理系，以道为中心的物理课程已经成为物理系里最受欢迎的选修课程之一。"[24] 卡普拉的书让这位物理学家深受启发，在诸如贝尔不等式和量子纠缠等问题上制订了新的教学计划，这些问题中超越光速的信息关联被爱因斯坦称为"远距离的幽灵行为"，当时还没有在标准的物理课程或教科书中得到完美的解释。[25]

: : :

卡普拉以一种迂回的方式实现了他最初的目标：写了一本成功的教科书。整个美国的物理学家都关注到了《物理学之"道"》。在他们的教室里，这本书有助于向对物理有所抗拒的学生展示物理学的可爱之处。[26]《物理学之"道"》惊人的商业成功模式也推动了相似书籍的热潮，包括加里·祖卡夫（Gary Zukav）的《像物理学家一样思考》（*The Dancing Wu Li Masters*）（1979）、弗雷德·艾伦·沃尔夫（Fred Alan Wolf）的《量子飞跃》（*Taking the Quantum Leap*）（1982）和尼克·赫伯特（Nick Herbert）的《量子真实》（*Quantum Reality*）（1985）。就像卡普拉的书一样，这些书也卖得很好，还获得了几个国家级奖项。他们也在物理学家的教室里发现了第二春。正如《物理学之"道"》一样，物理学家们非常欢迎这些有用的教科书替代品。新一代的量子力学教科书已经成为新常态，大量引用流行书籍，推荐学生广泛阅读。[27]

像《物理学之"道"》这样的书，起到的作用好似固态的东西在空气中融化。比如故步自封的学术物理和反文化青年运动之间的融合，还有同行评议的教科书和畅销书之间的相容，他开启了一种新的可能性。在这个过程中，并没有一个明确的发展方向，也没有物理学本身实质的改变，只是一些聪明且有学术素养的年轻科学家开始认真地追求更广泛的问题，进行了专业角色和内心渴望之间的结构性转变，在色彩斑斓的反文化思潮中，为 20 世纪70 年代绘制了一条新的物理学家成长之路。[28]

物质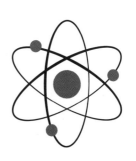

10. 白日梦

2008 年 9 月 10 日，我和同事们围着一台笔记本电脑疯狂地点击浏览器上的"刷新"按钮。我们正在观看大型强子对撞机（Large Hadron Collider，简称 LHC，位于日内瓦的全新的粒子加速器）首次质子对撞的实时更新。在超低温磁铁的作用下，质子以极快的速度绕着 LHC 长达 27 千米的巨大圆环旋转，它们被加速到极快的速度，每秒可以穿越法国和瑞士边境 1 万多次，然后撞击在一起，放出绚烂的"焰火"。

目睹 LHC 上线，对我来说是一个激动人心的时刻，但同时也苦乐参半。眯着眼看着笔记本电脑的小屏幕，我开始思绪涌动。我想，也许有一个同样的庆祝活动在某个平行宇宙中也在进行——一个从未有过的庆祝活动。差不多 15 年前，有一个比 LHC 还要宏伟的设备，在建设的过程中毫无征兆地停止了，这便是超导超级对撞机（Superconducting Supercollider，简称 SSC）。它的地点就在得克萨斯州达拉斯郊外的小镇瓦克萨哈奇（小镇的另一个主要景点是西南上帝会大学）。

1992 年，当我还在念本科时，我曾在加州北部的劳伦斯伯克利国家实验室（Lawrence Berkeley National Laboratory）实习过几个月。在那儿，我参与了一个大型的国际合作组织的项目，该项目就是为 SSC 制造一个巨大的设备。[1] 我曾与朋友开玩笑说，我当时在伯克利就是在"留学"呢。我是在东海岸长大的，对我来说，伯克利似乎与爱丁堡、佛罗伦萨或东京一样陌生和充满异国情调。我来到伯克利分校主校区的第一天，当从实验室走出来时，看到学生们正在举行抗议活动，他们已经爬上了那座 300 英尺高的标志性建筑——钟楼的顶端，并在那里搭建了一个摇摇晃晃的平台，他们声称，在校园里所有涉及动物的实验停止之前，他们拒绝下来。我当时想，这要等到每年伯克利电报大街活动庆典时，还指不定能看到多少稀奇古怪的事情呢。

在实习期间，我写了一篇论文，预测了 SSC 投入使用后可以观察到亚原子粒子对撞的一些可能的结果特征。当时我作为年轻学生，带着实事求是的态度和对科学的憧憬，这样写道："SSC 上线时释放出的巨大能量将必然推动人类探索物理学标准模型的发展。一代物理学家的目光都将集中在 SSC 上，等待着挖掘这个巨大的宝库。我渴望着成为其中的一员，成为一个在数十亿美元的科学设备旁忙碌的牛虻。"

然而，就在我的文章进行同行评议时，一股比 SSC 更强大的力量改变了一切。正当我提交文章的修订版的时候，SSC 的政治命运发生了巨大的变化。我只能删除了所有关于 SSC 的文字，改

图 10.1　1993 年年初，得克萨斯州瓦克萨哈奇超导超级对撞机（SSC）项目正在开挖隧道。1993 年 10 月，国会取消了这个项目。（图片来源：费米实验室档案。）

为在不确定的未来可能的几代加速器的泛称。[2] 这是因为美国国会进行了最后表决，否决了对 SSC 的继续资助。碰巧的是，那次投票是在我开始攻读高能物理学博士学位的 4 周之后进行的。在国会最后投票前几天，一位好心的老师把我叫到他的办公室。他建议我，如果投票结果是否决，就别继续待在这里了。但最终我留下来了，他却没有。一年后，他与许多学生和同事都跳槽去了华尔街。这一次投票结束了对 SSC 项目的支持，也因此国会将美国高能物理的年度资金削减了一半。而在接下来的 10 年里，该领域的支持资金持续减少。

之后，科学家、政府官员和历史学家对这一事件的来龙去脉进行了大量的研究分析 [就连以《凯恩号哗变》（*Caine Mutiny*）而闻名的小说家赫尔曼·沃克（Herman Wouk）也在 2004 年的小说《得克萨斯的地洞》（*A Hole in Texas*）中加入了这一事件]；很多人认为，美国在如何将有限的资源分配到科学研究的各个领域这一问题上存在着严重的内部分歧。但几乎所有人都同意一个主要因素："冷战"已经结束了！ [3]

: : :

20 世纪 30 年代，伯克利分校的物理学家欧内斯特·劳伦斯（Ernest Lawrence）开始让美国物理学患上巨人症，当时，在伯克利分校校园的山丘上建造了一系列越来越大的粒子加速器，称为"回旋加速器"。最初的模型可以放在桌子上；后来它们发展到房间这么大，最终变成了一整个工厂般大小。劳伦斯用设备的大小来衡量他的进展。他的团队在 1932 年 1 月从一个直径 11 英寸的模型开始，12 月制作出了 27 英寸的二代品，1937 年秋造出了 37 英寸的第三代，不到两年就又被 60 英寸的第四代所取代。到 1940 年，资金到位，1000 吨混凝土浇灌出了 184 英寸第五代回旋加速器。 [4]

20 世纪 40 年代末，美国国务卿参观了劳伦斯的实验室，该实

图 10.2　1946 年，劳伦斯团队在伯克利的实验室，在最新的回旋加速器前。（图片来源：劳伦斯伯克利国家实验室。）

验室曾是"二战"期间"曼哈顿计划"的主要负责单位。在国务卿参观后，劳伦斯提到他的最新项目需要一些资金。国务卿向劳伦斯保证军队会很乐意支持他。就在离开之前，国务卿停下来问劳伦斯："顺便问一下，劳伦斯教授，你说的资金是 200 万美元还是 20 亿美元？"这两个数字似乎都合理。[5] 那时，劳伦斯在伯克利分校的模型在全国已经有多家仿效者，由于海军研究所和原子能委员会的支持，在全国各地建造了几十个类似的粒子加速器和核反应堆，而且都比劳伦斯的原作大。因此，他们更想让劳伦斯继续发挥技术上的领先优势，就像第一次使用大型质子加速器那样。[6]

当时的政策制定者认为，建造这样的设备对国家安全非常重要。那时争论的焦点并不是这些巨大的设备是否有利于造出更厉害的炸弹，而是在"科学人才"是国家重要资源的观点下，是否应当将这些设备用于培训，以储备紧急状况可能需要的人才，充实专家库。1948年，原子能委员会资助了两个大型加速器，一个是劳伦斯的伯克利实验室，另一个在纽约长岛。尽管委员会的科学咨询小组认为，从科学价值上来说，只需一台设备就可以。之所以做出资助两台设备的决定，是因为不想打击未中标实验室物理学家的"士气"。正如委员会一位专家在第二年作出的解释，资助这些设备不仅仅会给政府带来"大型设备"，而且会给政府带来"大批接受命令的科学家"。[7]在美国加入朝鲜战争后，这种情况变得更加明显。1951年7月，原子能委员会的一位官员认为委员会应该制造更多的粒子加速器，他做了一个简单的计算：如果美国有N个核物理学家"愿意、有能力并渴望使用粒子加速器，而平均每个加速器配置5个这样的人可以组成一个有效的团队，那么委员会就应该建造N/5个加速器，或者至少每年建造两个加速器，只要国际形势保持目前的状况"。[8]

在20世纪60年代末，联邦政府感觉在粒子加速器等大型设备上的支出无法持续下去了，这种迹象刚刚浮出水面，便引发了物理学专业学生入学率的急剧下降。1969年，劳伦斯不得不为即将在中西部地区建造另一台粒子加速器的议案进行答辩，该加速器比当时所有加速器都要大。答辩时，他回避了国会提出的有关高成本和实操中的各种尖锐问题。劳伦斯平静地回应说，该加速器可能并不会对国家的国防提供太大的帮助，但他一定会让人们感到这个国家是"值得保卫"的。[9] 这些话奏效了，新的加速器在芝加哥郊外的费米实验室启动了，但这仅是因为富有煽动性的言论成功地说服了支持这一观点的科学家和决策者联盟。1983 年，在里根政府恢复国防开支的政策中，这个联盟又取得了胜利，赢得了政府的支持，开始启动一台更大的设备——SSC。然而，10 年后，当 SSC 需要追加资金时，却已经今非昔比，尽管诺贝尔奖得主们还是那样言辞高涨，他们向国会承诺，SSC 将揭开宇宙的秘密，将推动史诗般的科学发现，但他们的话语权一落千丈。[10] 到 20 世纪 90 年代，在没有苏联威胁的情况下（真实的或想象的），任由美国大科学发展的时代已经结束了。

: : :

在 SSC 项目被放弃一年后，位于日内瓦的欧洲核子研究组织（European Organization for Nuclear Research，简称 CERN）理事会批准了自己的大型强子对撞机（LHC）计划。CERN 的领导人意识到，他们可以实现类似于 SSC 的目标，但成本更低。最重要的是，他们决定使用一个旧的隧道，以节省巨大的挖掘成本。使用旧隧道的选择并不能达成最理想的结果，因为这意味着只能使用一个碰撞环，这个碰撞环的长度只有 SSC 的 1/3。环的大小直接关系到碰撞粒子所能获得的能量；LHC 的高度也只有 SSC 的 1/3。但是，

CERN 的机器仍然可以达到巨大的能量，其成本只有 SSC 的 1/5。因此，我们在 2008 年 9 月庆祝了这一天——在等待了 14 年之后，LHC 开始运转，并发射出了第一批质子。

几天后，LHC 的运转突然停止了。原因是隧道深处的电气连接设备故障导致磁铁过热，这又导致其中一个装有液氦的储罐破裂（为了使超导磁体保持超低温，需要使用液氦）。整个区域只能下线，在检查损坏情况或维修好之前，任何人都不能靠近这一区域。经过 14 个月的时间和近 4000 万美元的额外支出，液氦管才修复好，并安装了新设备，增强了 LHC 对峰值电流的抵抗力，整个机器再次冷却到工作温度。终于新的质子在这个巨大的加速器里又开始一圈又一圈旋转起来了。[11]

2009 年 11 月下旬，实验室团队庆祝了一项新的世界纪录：他们实现了地球加速器中有史以来最高能量的粒子撞击，超过了费米实验室小型机先前的纪录。即使是创纪录的能量，仍然比 LHC 预期设计的峰值能量低大约 10 倍。但很快，又一次痛苦与失望掩盖了短暂的欢呼。该实验室在 2010 年春季宣布，在 2011 年年底之前，只能运行 LHC 一半的负荷，然后，整个机器要下线进行新一轮昂贵的维修。罪魁祸首似乎还是出现在超导磁体周围的电磁屏蔽。几年后，人们经常津津乐道地谈起这起事件的趣闻，一只小黄鼠狼翻过栅栏，啃穿了一些电缆，在受到 1.8 万伏的电击后，关闭了这台巨大的机器。[12]

尽管如此，LHC 仍在 CERN 的推动下蓬勃发展，而 SSC 则逐渐被人淡忘。当美国国会在 1993 年 10 月停止为 SSC 提供资金时，联邦政府已经在这个项目上花费了 20 亿美元，并且挖掘了将近 15 英里的地下隧道；为此国会不得不再拨出 10 亿美元来支付关闭成本。"冷战"思维对科学家和政策制定者的影响不言而喻，持续资助庞大的研究项目，确保一代又一代的科学家得到良好的培养和储备，以防"冷战"局势的演变。相比较而言，欧洲核子研究组织（CERN）成立于 1954 年，成立前提则完全不同。它的目的是汇集来自全欧洲的科学家，尽管也会存在一些政治分歧，但其核心目的是提供一个国际合作的平台。从一开始，CERN 的项目就没有任何潜在的军事意义，更不用说机密研究了。[13] 早在 20 世纪 50 年代初，让欧洲各国政府支付如此巨额的资金来建造巨大的粒子加速器，在当时也是前途未卜，但是这一承诺最终证明，CERN 的模式更适合后苏联时代的世界政治现状。

今天，下一代大型强子对撞机这样的跨国项目面临着巨大的障碍，因为要想得到更高的能量将粒子粉碎就需要巨额的资金。因此，粒子物理学家们目前还都把希望集中在深埋于地下的 LHC 上，他们想知道这个大家伙还能为科学贡献一个什么样的世界。

11. 无中生有

1964 年年初，默里·盖尔曼（Murray Gell-Mann）向《物理快报》（*Physics Letters*）提交了一篇短篇论文，这篇论文永远改变了物理学家的词汇表。盖尔曼通过这篇文章试图弄清楚大量新发现粒子的奇异模式和相互作用。在简短的两页文章中，他提出，这些奇异的粒子以及人们熟悉的质子和中子等粒子，本身可能是由更小的粒子组成的。盖尔曼用詹姆斯·乔伊斯（James Joyce）的《芬尼根的守灵夜》（*Finnegans Wake*）中摘取的一个词——"夸克"来命名了这种粒子（乔伊斯的小说出现在盖尔曼文章后参考文献的第 6 条）。几乎与此同时，欧洲核子研究组织（CERN）的乔治·茨威格（George Zweig）写了一篇长篇论文，也提出了同样的基本思想，并称这种假设单位为"aces"。盖尔曼的论文在提交后的 3 周内得以发表，并在 5 年后，盖尔曼因此获得了诺贝尔物理学奖。但茨威格的论文屡次被拒绝发表，无论是那篇论文，还是之后的后续研究，其研究成果都没有被发表或出版过。因此，现在世界各地的物理学家都把"夸克"作为他们日常的标准术语。[1]

图 11.1　早在 1964 年，盖尔曼就将"夸克"一词引入了物理学家的词典，并帮助粒子物理学家建立了关于基本粒子和相互作用的标准模型。（图片来源：由美国物理研究所埃米利奥·塞格雷视觉档案提供，《今日物理》收藏。）

　　在盖尔曼提出夸克 10 年后，物理学家们已经发展出一套完整的夸克行为理论。不仅如此，他们还学会了将夸克的描述方法与其他粒子及其相互作用力结合起来，形成新的思想。作为众多物理学家的共同成果，这个新思想被称为"标准模式"——这与盖尔曼当年的奇思妙想和独特的术语已经相去甚远，但它反映了集体智慧的结晶。标准模型描述了所有已知的亚原子粒子之间的力和相互作用，从夸克、电子到那些只有在对撞实验中才能看到的奇异近亲。近半个世纪以来，这个模型就像指南针或北极星一样，指导物理学家不断经过复杂的实验验证这一模型，并提出新的完善设想。自20世纪80年代以来，以标准模型为指导已进行了无数次高精度实验；几乎所有的实验都显示了与预测非常一致的结果（截至目前，唯一的差异是关于中微子，其微小但非零的质量还没有被完全纳入模型中）。即使是长时间难以捉摸的希格斯玻色子也在最近被探测到，并且与模型描述得非常吻合。标准模型几乎肯定是科学史上最枯燥也最令人兴奋的发展理论。[2]

然而，尽管标准模型取得了巨大成功，但物理学家们几乎一致认为，标准模型不会是终极理论。首先，它有一系列武断的、无法解释的特征。为什么一个 μ 介子，在各个方面与电子如此相似，却恰好比它重206.7683倍？为什么两个特定相互作用力之比会是0.23120，而不是1、0.25或17这样的数字？通过手工输入这些参数，物理学家可以非常精确地匹配实验结果。但是，为什么标准模型看起来如此复杂和奇怪，仍然是一个悬而未决的问题。几十年来，高能物理学家一直致力于用第一原理的方式来解释这些参数，也就是说，需要发展出一个更大的框架，把标准模型纳入其中，在这个框架中，任意特征值都能变得顺理成章。同时，除了这些参数之外，大多数物理学家认为标准模型明显还不完整。它包含了自然界四种基本力中的三种：引起电荷吸引或排斥的电磁力，使核粒子密集地聚集成原子核的强作用力，以及导致核粒子产生放射性的弱作用力。标准模型并没有包含引力，但在宇宙尺度上，引力是迄今为止最重要的力。

要纠正这些缺点，主要努力方向在于要纠正现有标准模型的随意性，特别是通过对称性找到能够将引力纳入的方法。对称性指的是，一个系统在平移或旋转的情况下可以保持不变的性质。想象一下，当你在钢琴上演奏巴赫的曲子时，在你不知道的情况下，有一些顽皮的小精灵把你的键盘调高了三个音。每次你按下 C 时，钢琴键的键锤实际上敲打的是 E 上的弦，当你按下 D 时，键锤敲击的是升 F，依次类推。如果小精灵对每个音符都施加了相同的影响，这就与实际键盘上的具体位置无关了，如果它们不会随时间而改变规则，那么就可以说，这执行了一个"全局转换"命令。音符之间的相对间隔保持不变，但乐曲有所改变。一个可以感知音高的人便可以察觉到其中的差异。

如果在你不知情时，生活在钢琴里的小精灵用一套精巧的机械装置实现了这一改变，那么演奏的曲子就可以说在全局转换下，其对称性保持不变。无论曲子多么复杂，通过这样的对称性，则可以使曲调与原作保持不变。

全局转换下的对称性有很多种，可以有更复杂的转换形式。例如，钢琴里的小精灵们可能会为键盘上的每个音符设计出一个不同的换位：C 向上移动到 E，而 D 向下移动到降 B，依次类推。还有可能小精灵们会改变主意，随着时间的推移，会作出不同的换位，这样一段时间后敲击 C 改成敲击 G，而敲击 D 改成了敲击升 D，物理学家称这种操作为"局部变换"。通过一定的转换机制，如果精灵不断调整他们的机械来补偿复杂的变换，仍然可以使你的巴赫曲子保持原样。在这个寓言中，精灵的机械强化了对称性。更重要的是：我们假想出这些精灵们以及他们的机械，就是因为我们觉得这个世界上一定存在着我们未知的东西，而这些未知的东西应该是符合对称性的。物理学家相信，物理世界中一定存在着完美的数学对称性，当找到更多的粒子之后，必将解开亚原子世界的真面庞。[3]

在局部变换下，标准模型所描述的将原子核结合在一起的强作用力或使原子核分裂的弱作用力是保持对称的。几十年前，物理学家就假设可能存在一些特殊粒子，可以补偿原子核内的力，就像精灵们的小玩意那样，使整体保持着对称性。而且，在 20 世纪 80 年代，当实验者在费米实验室、CERN 以及其他地方的大型粒子加速器里寻找与这些描述相匹配的粒子时，这些粒子果然在那里：几乎和物理学家们预期的一模一样。[4]

实验数据与预测是如此惊人的一致。从各种实验中得到的数据表明，一种潜在的对称性支配着自然之力。物理学家的思想实验可比小精灵钢琴故事要复杂离奇得多，但正是这些思想实验让物理学家们可以预测到，一些未知的、微小的粒子可能会在哪里出现，从而去验证潜在的对称性。新的实验就是为了能够抓住那些正在忙碌的、稍纵即逝的小精灵们，或者至少能找到那些合理推导出的粒子之间相互作用的相关数据。20 世纪 60 年代到 80 年代，在理论与实验相互促进下，标准模型就这样逐步拼凑起来。

标准模型的惊人成功之一就是解释了为什么物体有质量。希格斯机制（我将在下一章讨论）描述了一个过程，通过这个过程，夸克和电子等基本粒子通过希格斯场获得质量。但是夸克的聚集体呢，比如质子和中子？几乎所有我们知道的物质——你，我，所有我们在身边或太空中看到的东西都是由质子和中子组成的（外层空间似乎有相当多我们看不见的物质，称为"暗物质"，它不是由质子和中子组成的，但先让我们一次解决一个宇宙之谜）。质子和中子等普通粒子的质量只有5%左右来自它们内部的夸克。质子质量的95%，也就是说你我质量的95%都来自原始能量。质量不是把许多重的东西聚在一起而产生的，其实它几乎都来自虚无，来自无质量粒子疯狂的量子舞蹈。[5]

这个舞蹈的主要参与者是胶子。胶子就是我所说的精灵钢琴中的一种精灵，它们在一个特定的对称中跳跃。它们运动调节的对称性便形成了强相互作用力，也就是把夸克结合在一起形成质子和中子的力。顾名思义，它们就是原子核的"胶水"。胶子本身没有任何质量，它们不会与希格斯场进行碰撞，但它们一直会产生相互作用，并与夸克之间相互作用。最重要的是，它们非常忠于自己的精灵角色。如果你试图打破它们所保护的对称性，例如，想用外力把一个夸克单独取出来，胶子就会跳出来，创造出一个补偿夸克，抵消原来夸克的电荷，恢复整体的对称性。

如果补偿夸克直接出现在原夸克的位置，则可以完成抵消，这样就不会有夸克电荷溢出威胁核力的对称性。但竞争因素阻碍了完全抵消。量子理论的核心支柱——海森伯测不准原理，规定了量子的位置和动量无法同时精确获知。换句话说，即使是胶子也无法使夸克在固定位置完全静止。胶子越多，新夸克带有的能量就越大，就越难以准确保持在原夸克的位置，就像爱发脾气的小孩子一样。在介于"尽可能地抵消原始夸克的电荷"和"尽量减少对新夸克的冲击"这两种趋势之间的自然平衡点上会剩余出一些能量，根据爱因斯坦的 $E=mc^2$ 质能公式，我们看到能量是以质子质量的形式存在的。也可以说，我们的质量只不过是一个关于宇宙的计算错误罢了。

这个质量诱导过程的基本机制是在 20 世纪 70 年代提出假设的，就在盖尔曼首次提出夸克概念的 10 年之后。然而，人们花了几年时间来评估这个想法。首先，夸克—胶子相互作用的定量细节计算起来很困难。直到 2008 年，才第一次使用超级计算机模拟处理了现实的情况，使物理学家能够将质子质量的理论预测与实验数据进行比较。这次验证计算很精彩，计算很可靠。那些想象中的精灵似乎真的就在那里，并且就按照标准模型规定执行它们的任务。[6]

所以，我们最终理解了：物质是由大量的原子集合而成，它们中间大多是空的空间，而亚原子粒子从胶子保留对称性的量子舞蹈中获得了质量。标准模型是正确的。

12. 狩猎希格斯粒子

　　粒子物理学既是最优雅的，也是最野蛮的科学。优雅，因为其广泛的对称性和精致的数学结构；野蛮，是因为获取亚原子尺度信息的主要手段是将微小的粒子加速到极高的能量，并让它们撞得粉碎。理查德·费曼曾对粒子物理学家的研究方法作出过精彩比喻，他说，这就好比想要研究一块制作精巧的怀表的内部结构或原理，想要看到里面的弹簧和齿轮是如何工作的，所使用的研究方法是通过相对投掷两块手表并认真观察散开的碎片。[1]而粒子物理学，比这还要困难：因为一些碎屑从未包含在原始物质中。这就好像除了被摔碎手表的弹簧和齿轮外，还飞出了滑轮、绳子、零钱和一两个溜溜球。亚原子粒子碰撞在一起时飞出的新物体其实是原始能量的凝结物：根据爱因斯坦著名的方程 $E=mc^2$，两个碰撞的粒子携带的部分能量在碰撞的一瞬间转化成了另一些小块物质。在日内瓦附近 CERN 实验室的 LHC 中，这些转化每秒发生数十亿次。

　　2008 年 9 月，LHC 一上线，大批实验人员就开始寻找一种特殊的粒子：希格斯玻色子。（"玻色子"是粒子的一种，是指自旋量子数为整数的粒子，例如光子。大多数组成普通物质的粒子，如质子和电子，都带有半整数的自旋单位，被称为"费米子"。）希格斯粒子被称为"上帝粒子"，我一直不明白，为什么这个特殊物质被认为比其他物质更神圣。我更喜欢另一个绰号——"10 亿美元玻色子"，因为几十年来，寻找希格斯粒子的挑战一直是建造越来越大的粒子加速器的主要理由。[2]

希格斯玻色子的想法出现在 50 多年前，这个想法是在绝望中产生的。实验表明，造成放射性衰变等现象的弱作用力服从于特定的对称性。一些物理学家认为，根据电磁学，如果亚原子粒子交换特殊的载力粒子时能产生弱作用力，他们就可以模拟出这种力。但这里有一个陷阱。弱作用力的对称性要求假设的载力粒子没有质量，就像产生电磁力的光子没有质量一样。然而，与电磁力不同的是，弱作用力的作用范围很短：它只有在粒子彼此非常接近时才有效（比如在原子核内）。由于弱作用力作用范围短，反过来，似乎意味着载力粒子应该非常大。这就产生了一个难题：物理学家可以模拟弱作用力或其短程的对称性，但不能同时实现两者。[3]

几位物理学家提出了一个聪明的解决办法。如果弱作用力的载力粒子真的没有质量的话，那么也许有某种介质——一个充满空间的介质——减缓了载力粒子的运动，就像在糖浆中滚动的石块。这个想法的几个版本陆续在 1964 年夏秋季的《物理评论快报》(*Physical Review Letters*) 杂志上发表，分别是：弗朗索瓦·恩格勒 (François Englert) 和罗伯特·布劳特 (Robert Brout)（6月26日收到，8月31日出版），彼得·希格斯 (Peter Higgs)（8月31日收到，10月19日出版），杰拉德·古拉尼 (Gerald Guralnik)、卡尔·哈根 (Carl Hagen) 和托马斯·吉博 (Thomas Kibble)（10月12日收到，11月16日出版）。希格斯在他的论文中指出，这种类似蜜糖的介质意味着，应该还存在一种新的粒子，与这种介质有关，这种粒子被称为"希格斯玻色子"。[4]

在理论上，希格斯玻色子在粒子物理的标准模型中扮演了核心角色。尽管假设的希格斯粒子是标准模型所有粒子中最简单的，零电荷、零角动量，没有"奇异性"或"色电荷"等量子属性，但它因能够赋予无质量粒子质量的能力而变得至关重要，是希格斯粒子为其他粒子赋予了质量。诺贝尔奖得主弗兰克·维尔泽克 (Frank Wilczek) 戏称希格斯玻色子为"无处不在的电阻量子"；欧洲核子研究组织 (CERN) 的理论家约翰·埃利斯 (John Ellis) 说，这就像人们跋涉在积雪覆盖的草地上。[5]

这个猜想非常引人入胜，但几十年来它只能是一个猜想。随着岁月的流逝，粒子物理学家们认识到，假设一种所有物质都能通过的普遍介质是一回事，而找到这种介质存在的证据，分离出这种介质（单个希格斯粒子）并测量它的性质则是另外一回事。

寻找希格斯粒子的证据好像并不复杂：高速将质子等粒子碰撞在一起，希格斯玻色子（以及大量其他物质）就能从剩余能量中凝结出来。经过一次又一次的搜寻，物理学家们逐渐知晓了希格斯粒子大概的属性：如果它确实是存在的，那么单个希格斯粒子的重量应该和一个金原子差不多。然而，与金原子不同的是，物理学家预计希格斯粒子的寿命将非常短暂，大约为万亿分之一秒。物理学家们知道，对于这样的粒子，没有足够长的时间拍下它的照片，也不会留下太多的痕迹，它们在衰变为其他粒子之前，所能走的最远距离大约是十万亿分之一厘米。[6]

找到希格斯粒子证据的唯一希望是筛选它们的衰变产物，或衰变产物的衰变产物，要在粒子加速器碰撞区域中出现的所有其他亚原子残骸中，分辨出已经消失的希格斯粒子的信号。这有点儿像要通过筛选全国人口普查的所有数据，来找出一位早已去世的老奶奶的身高和体重。物理学家必须对探测器中捕获的普通粒子进行仔细的检查，寻找与预期模式不一致的统计偏差。是否有比正常状况下更多的某些特定能量的特定粒子？这些粒子也许就是希格斯粒子衰变的。

寻找希格斯粒子可不像是在两张图片中找不同，然后喊一声"尤里卡"（Eureka，找到了）就能完事了，而是要在复杂的统计结果中仔细寻找。[7]物理学家必须在撞击形成的数万亿次散射和相互作用中收集数兆字节的数据，并将它们生成直方图。然后，他们必须小心地从中去除掉"背景"噪声，以及普通的而非希格斯粒子衰变产生的粒子衰变过程，并检查是否有多余的信号残留（我在研究生院最喜欢的书之一便是《希格斯猎手指南》，书中充满了计算希格斯粒子在不同能量下衰变的预期信号和背景的奥秘。[8] 这个书名让我觉得自己好像是印第安纳·琼斯①）。要想找到希格斯粒子就要在这些直方图中微小得难以区分的差异中寻找线索，这好像是在漆黑的夜里寻找掉落在路上的一根针一样。

2011 年 12 月，两个大型团队的代表在 CERN 召开了一次记者招待会，分享了他们追踪希格斯粒子的证据。他们谨慎地对发现进行了说明，两个团队都收集和分析了大量令人印象深刻的数据，这些数据是从数以万亿计的粒子碰撞中挑选出来的，但仍不足以排除统计上的潜在错误。[9]

CERN 的研究小组需要从更多的散射数据中收集信息，以便弄清楚他们的数据中的微小起伏是否真的来自一种新的粒子，而不是一个带有统计学误差的常规事件。把一枚硬币掷 10 次，很可能会有 6 次正面向上。事实上，我们可以预期大约有 20% 的机会，10 次投掷中得到 6 次正面——这在统计学上不算是小概率事件。在一个非常小的样本量或数据集（只有 10 次投币）的情况下，无法确定你使用的是公平的硬币还是偏向某一面的硬币。但是如果你把硬币掷 1 万次，得到 6000 个正面，这便会更令人信服地认为，这不是一枚普通硬币，它肯定被动了手脚。

几年前，粒子物理学家采用了一种惯例，即对新粒子的发现要求至少有 5 个标准差（通常表示为"五西格玛"）的统计显著

①电影《夺宝奇兵》中主角的名字。——编者注

图 12.1　ATLAS 发言人法比奥拉·吉亚诺蒂（Fabiola Gianotti）（左）和粒子物理学家彼得·希格斯（右）在 2012 年 7 月 4 日于 CERN 举行的新闻发布会上互相祝贺，此前不久，吉亚诺蒂的小组发现了长期困扰物理学界的希格斯粒子的证据。（图片来源：丹尼斯·巴利布斯 / 法新社，由盖蒂图片社提供。）

性。这意味着，观测到的事件可能是普通粒子而不是新粒子的概率为三百万分之一。在 2011 年 12 月，CERN 的两个小组收集的数据都没有达到五西格玛标准。但几个月后情况发生了变化，在 2012 年 7 月 4 日的一次引人注目的新闻发布会上，两个团队都宣布，他们已经通过 6 月收集的数据跨过了五西格玛大关，他们已经积累了关于希格斯粒子的清晰证据。[10] 第二年，彼得·希格斯和弗朗索瓦·恩格勒因此获得了诺贝尔物理学奖。

　　我们如何衡量这一成就？人们当然可以把注意力放在钱上：

数十亿美元花在了无疾而终的 SSC 上，CERN 同样花费数十亿美元用于建造和维护 LHC。预算的支持无疑是重要的，尤其是在经济困难时期，但这不是唯一应该考虑的。

在 2012 年 7 月 4 日的 CERN 新闻发布会上，从一组数据中可以看出物理学家们的热情。到那时，在标准的科学出版物数据库中，包含了 1.6 万多篇关于希格斯粒子的文章，最早可以追溯到 20 世纪 60 年代 [11]，但 90% 以上是 1990 年以后发表的，仅 2011 年就有近 1000 篇。这 1.6 万篇文章由大约 1.1 万名作者撰写：世界各地的物理学家，他们几十年来一直专注于希格斯粒子、希格斯粒子的理论作用，以及可能的实验探测方法。其中 500 名作者每人至少发表了 55 篇关于这一主题的文章，他们的职业生涯中有大部分时间都在致力于研究希格斯粒子（我有 4 篇论文出现在这个名单上，不到总数的 0.03%）。来自 CERN 的约翰·埃利斯以 150 篇文章位居榜首。当他把希格斯场比作积雪覆盖的草地时，你可以肯定他知道自己在说什么。

因此，7 月，LHC 的消息让人们沸腾，这不仅是对 CERN 两个小组 5000 名工作者的祝贺，也是对全世界半个多世纪以来为这一领域作出贡献的数千名物理学家的祝贺。物理学家马休·斯特拉斯勒（Matthew Strassler）宣布 2012 年 7 月 4 日为"希格斯独立日"。[12] 还有什么理由不去放烟花好好庆祝一下呢？

13. 两个"场"的碰撞

有时，我真想狠狠地抽自己，因为我经常对眼皮底下发生的事情视而不见。大约 10 年前，当我注意到一篇论文出现在 arXiv.org 网站上时，我就有过这样的经历。这篇论文的作者提出了一个漂亮的模型，被称为"希格斯膨胀"，它可以解释宇宙早期的特殊现象。他们的想法既优雅又简单：标准模型中的希格斯粒子是否能够与引力建立起一种特殊的、非标准的耦合关系？这就像几十年前假设希格斯粒子存在一样。现在，粒子物理学家已经在标准模型中接受了希格斯粒子，如果有可能，它也许会解答关于整个宇宙结构和演化的更大问题。[1]

我痛恨自己为什么没有提出这个想法。毕竟，我已经发表了几篇论文，探讨的就是早期宇宙中类希格斯场，其中也包括了与非标准引力的相互作用。事实上，这篇新论文的作者正是引用了我以前的一些研究成果。[2] 然而，我并未迈出这一步，这一步本应是显而易见的，但现在他们已经迈出了。在经过短暂的沮丧之后，我陷入深深的思考，为什么有些问题对一些研究者来说是如此显而易见，而对另一些学者却完全视而不见呢？就像我自己的例子，新模型完全符合我自己的专业，一个被称为"粒子宇宙学"的物理学分支。

粒子宇宙学最近发展迅速。它研究的是最小的物质单位，以及在整个宇宙的诞生及发展中的决定作用。近年来，该领域得到了政府和私人基金会的慷慨资助，这些资金既支持了最先进的卫星任务和大型的地面望远镜等项目，也资助了世界各地数千名理论物理学家的研究。平均每小时就有两份以上关于这个课题的新文章发布到 arXiv.org 上。[3]

考虑到这个领域在 40 年前还几乎不存在，它的巨大成功就更加引人注目了。我惊奇地发现，粒子宇宙学的迅速崛起，来源于科学思想和制度相结合的强大力量。在这种情况下，对物理学家来说，一种超越粒子物理学标准模型的新的子领域形成了，自从 20 世纪 70 年代出现以来，这一学科发生了跌宕起伏的变化，尤其是在美国。美国国会扼杀了 SSC 项目，美国的粒子物理学家也面临着相似的境遇。这在同期的制度化和课程设置上很快体现了出来，在一些研究领域仍然在推进的同时，另一些研究项目则变得步履蹒跚。

一股复杂的力量深受两个研究领域思想的影响，一个是引力专家提出的，另一个则来自粒子物理学家。这些思想并没有直接推动粒子物理学和宇宙学的结合，是时间改变了一切。为了看清政治和制度对知识发展的影响，让我们从如何认识质量的问题谈起。

: : :

在 20 世纪 50 年代和 60 年代，至少有两个领域的物理学家在努力解释为什么物体有质量。质量似乎是物质的一种明显的、与生俱来的属性，人们甚至可能觉得它不需要解释。然而，要找到与现代物理学的其他观点相一致的质量起源的描述并非易事。[4]这个问题有不同的表现形式，引力和宇宙学专家根据马赫原理解决这一问题。马赫原理以物理学家和哲学家恩斯特·马赫（Ernst Mach，1838—1916）命名，他作为牛顿物理学的评论家以及为年轻的爱因斯坦带来灵感而知名。马赫原理难以表述，可以这样大概地表述：局部惯性效应是远距离引力作用的结果吗？或者说，一个物体的质量——一种衡量它对运动变化的抵抗力——最终是否来自该物体与宇宙中所有其他物体的引力作用？如果是这样，爱因斯坦的引力场方程、广义相对论方程，是否可以恰当地反映这种特性？[5]

在更多的粒子物理学家群体中，质量问题则以另一种形式被表述。粒子物理学家试图在不破坏支配核力的对称性的基础上，将提供质量的基本粒子融合进来。从 20 世纪 50 年代开始，粒子理论家面临着一个两难的境地：要么他们遵循核力的对称性，这似乎需要荒谬地将所有粒子的质量设为零；要么他们将粒子质量纳入方程中，但破坏了对称性。[6]

大约在同一时间，两个专业的物理学家同时提出了解释质量来源的方案。两人都假设宇宙中存在一个新的场，它与所有其他物质类型的相互作用导致我们测量到物体拥有质量。在引力方面，普林斯顿大学的研究生卡尔·布兰斯（Carl Brans）和他的导师罗伯特·迪克（Robert Dicke）在 1961 年的一篇文章中指出，在爱因斯坦的广义相对论中——那时物理学家对引力的惯常描述——引力的强度与牛顿的万有引力常数 G 相关。根据爱因斯坦的说法，常数 G 无论在地球上还是在最遥远星系中，无论是今天还是在数十亿年前，其值绝不会有变化。但布兰斯和迪克提出，如果引力强度可以随时间和空间的变化而变化，那么马赫原理就可以得到满足。为了使这种变化具体化，他们假设一种新的物理场 φ，φ 场渗透在整个空间中，但在不同时空拥有不同的值。φ 与万有引力常数 G 成反比关系（在空间的某个区域中，φ 如果值越大，G 就越小，反之亦然）。他们在爱因斯坦的引力方程中用 $1/\varphi$ 替换了 G。在由此产生的模型中，普通物质既会对空间和时间的曲率造成影响，就像在普通广义相对论中一样，也会因 φ 场，对局部引力强度造成影响。所有物质通过 φ 进行相互作用，因此，这种新的场的行为解释了普通物质是如何在时空中运动的。因此，对物体质量的任何测量都依赖于物体局部的 φ 值。布兰斯和迪克的想法非常吸引人，加州理工学院重力研究小组的成员经常就此开玩笑说，他们在周一、周三和周五相信爱因斯坦的广义相对论，在周二、周四和周六相信布兰斯-迪克的引力理论（星期天他们在海滩上放松放松）。[7]

图 13.1　上图，1959 年，卡尔·布兰斯在普林斯顿读研究生期间（图片来源：卡尔·布兰斯提供）；下图，布兰斯在普林斯顿大学的导师罗伯特·迪克（Robert Dicke）。（图片来源：Mitchell Valentine 摄，由美国物理研究所埃米利奥·塞格雷视觉档案馆提供，《今日物理》收藏。）

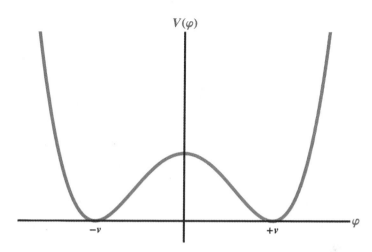

图 13.2　双势阱，$V(\varphi)$．当 φ 场强度在 $+v$ 或 $-v$ 时，系统的能量为最小值。虽然场的势能是对称的，但场的解只能在这两个值中选一个，这破坏了控制方程的对称性。（图片来源：作者绘制。）

有几位粒子物理学专家几乎同时批评了这一观点，但同时，也引入了另一个新的遍布整个宇宙的场的假设。例如，杰弗里·戈德斯通（Jeffrey Goldstone）在 1961 年发现，各种方程的解不必像方程本身那样遵守对称性。为了便于描述，他也把他假设的新的场，标记为 φ。这个新场的势能有两个最小值，一个值为 $-v$，另一个值为 $+v$。

系统的能量在这些最小值处是最低的，因此场最终会稳定在这些值中的一个。虽然场最终只能处在其中一个最小值上，但这两个值上的势能是完全对称的。这个巧妙的想法很快被称为"自发对称性破缺"：当势能曲线完全左右对称时，对 φ 来说，任意给定的解，只会集中在左边或右边的其中一边。[8]

几年后，在 1964 年，彼得·希格斯在戈德斯通论文的基础上发现，当他将戈德斯通的想法运用到高度对称的原子核作用力模型中时，自发对称性破缺会产生大量的粒子。在这样的模型中，新的 φ 场会与其他粒子相互作用，包括产生原子核作用力的携力粒子。希格斯证明，控制这些相互作用的方程遵循所有必要的对称性。当 φ 场处在势能最小值之前，其他粒子可以轻松地运动，不受阻碍。而当 φ 场处在 $+v$ 或 $-v$ 位置时，其他粒子就会像陷在糖蜜里的弹珠一样，这时，φ 场对任何与它相互作用的东西施加了阻力。一旦发生这种情况，亚原子粒子就呈现出它们具有了一些非零质量，反过来，对它们质量的任何测量都取决于它们的局部值 φ。[9]

布兰斯和迪克以及希格斯的这两篇论文立即引起了物理学家们的注意。衡量其论文影响力的有效方法是计算其被引用次数。多年来，物理学家们不断调整着引用计数规则。高能物理的标准引用跟踪数据库根据论文的累计引用量，将论文分为不同的类别。从未被引用过一次的论文被分配到"未知"的箱子里，然后以此向上为："鲜为人知"（1~9 次引用）、"已知"（10~49 次引用）、"众所周知"（50~99 次引用）等。最高级别的"著名"是那些被引用至少 500 次的罕见论文。[10] 按照这一标准，布兰斯-迪克和希格斯的文章都属于"著名"一类，截至 1981 年累计被引用就超过了 500 次；时至今日，这些论文中的每一篇都处在有史以来被引用最多的 0.01% 的物理学文章中。[11]（几年前，当我自己的被引用

图 13.3 上图，杰弗里·戈德斯通在 1961 年提出了自发对称性破缺的观点（图片来源：由美国物理研究所埃米利奥·塞格雷视觉档案馆提供）；下图，彼得·希格斯将戈德斯通的对称性破缺思想纳入了原子核力模型中。（图片来源：罗伯特·帕默摄，由美国物理研究所埃米利奥·塞格雷视觉档案馆提供。）

最多的物理学文章的被引用次数达到 100 次时，数据库的管理员将这篇论文归档到一个新的文件夹。以前被引用 100~499 次的论文就可以被标注为"知名"，而现在"知名"类别将需要被引用250 次以上。那篇论文迄今为止已经被引用了 200 多次，我感觉自己就快"出名"了。当然，我的妻子，一名心理学家，她从不缺这个。）

这些被广泛引用的论文都是探讨如何通过引入一个新的 φ 场来解释质量的起源，以及它与其他物质的相互作用。它们几乎是在同时同一刊物——《物理评论》——上发表的。然而 20 年来，几乎没有物理学家考虑到把布兰斯 - 迪克理论的描述和希格斯场的描述结合起来。到 1981 年，总共有 1083 篇文章引用了布兰斯 - 迪克的论文或希格斯的论文。但其中只有 6 篇（不到 0.6%）的文章同时引用了布兰斯 - 迪克和希格斯的描述，最早的是 1972 年，其余的都是 1975 年之后的文章。[12] 这 1083 篇文章由 990 位作者撰写，在 1961 年到 1981 年，只有 21 位作者分别引用过布兰斯 - 迪克和希格斯的描述，大多数还是在不同论文中。可以看出，即使布兰斯 - 迪克和希格斯两组人的观点在各自的领域已经非常知名，但在几乎 20 年内，却没有人对二者在物理学上进行比较，发现其相似性。

: : :

可以看到，当布兰斯、迪克、戈德斯通和希格斯分别在各自的领域（粒子物理学和宇宙学）同时引入 φ 场时，学科间的鸿沟却阻碍了学科的发展。另一个例子是，美国国家科学院物理调查委员会在 1966 年发表了一份题为《物理：调查与展望》的政策报告，报告建议美国粒子物理学的经费和博士生在未来几年要翻一番，这是迄今为止美国物理学各领域所建议的最大增幅，但同时建议规模已经很小的引力学、宇宙学以及天体物理学保持现状。[13] 以至于，当苏联一些有影响力的关于引力和宇宙学的教科书开始探讨有关原子核力的最新研究发展时，美国教科书中却完全缺失这方面的内容。[14]

当然，美国的科学发展模式也并非一成不变。事实上，到了 20 世纪 70 年代末，宇宙学和粒子物理学之间的分割就不再那么极端了，随着布兰斯-迪克和希格斯的论文开始被更多引用，一个新的子领域粒子宇宙学开始崭露头角。物理学家们开始通过引用 20 世纪 70 年代中期的新观点来迎接粒子宇宙学的迅速崛起，一些新思想的诞生迫使粒子物理学家开始思考宇宙学。这些新思想包括 1973 年首次提出的"渐近自由"，以及 1973—1974 年第一个"大统一理论"（GUT）的构建。

渐近自由指的是在极小距离尺度的核力模型中出现的一种意外现象：当原子核粒子距离足够小时，核力的强度会随着粒子靠近而减小，而不是像大多数其他力那样增大。这使得粒子理论家们第一次能够对强作用力进行精确可靠的计算，正是强作用力将夸克封闭在质子和中子之中，但它实现的条件是：把力限制在很短的距离内。如此短的距离对应的是非常高能量的相互作用，远远超出了实验可测的范围。[15] [戴维·波利策（H. David Politzer）、戴维·格罗斯（David Gross）和弗兰克·维尔泽克（Frank Wilczek）因发现渐近自由而分享了 2004 年诺贝尔物理学奖。]

大统一理论（GUT）的引入也有助于将粒子物理学家的注意力转向超高能。当物理学家们拼凑标准模型时，一些人注意到，模型中所描述的三种力：电磁力、弱作用力和强作用力的强度在非常高的能量下可能会变成一种力。物理学家假设，在这样高的能量之上，三种力量将成为一种未分化的力量，从而形成"大统一"。而在低于这种能量的情况下，GUT 将发生自发性对称破缺，变为三种不同的对称性来描述的力量，每一个都具有一种特有的力学模型。[16]

大统一需要的能量尺度大得惊人：比粒子物理学家利用地球粒子加速器所能探测到的最大能量高出 1 万亿倍。物理学家不可能通过传统途径获得这样的能量，即使基础技术经过 40 年的改进，粒子加速器的能量提高 1000 倍，那与万亿倍也相差甚远。因此，物理学家的实验室里永远不可能产生 GUT 尺度的能量。但物理学家逐渐意识到，如果宇宙是由大爆炸而诞生的，那么，在宇宙诞生的早期，应该存在非常高能量的粒子，只是随着时间的推移和宇宙的膨胀，这些粒子逐渐冷却了。随着渐近自由和 GUTs 的理论出现，粒子物理学家有了一个"自然而然"的理由去追寻高能的早期宇宙：宇宙能否提供一个免费的加速器呢？[17]

这还不是故事的全部。尽管这些新的观点很重要，但它们并不能解释为什么粒子宇宙学作为一个新的领域会如此迅速地发展。首先，时机有点儿对不上。在 1974 年前后，关于宇宙学的出版物（无论是美国还是世界范围内）开始迅速增加，其增长率看上去并不是受渐近自由和 GUTs 论文出现的影响。此外，尽管 GUTs 是在 1973 年至 1974 年提出的，但直到 20 世纪 70 年代末至 80 年代初，却并没有受到粒子物理学家的太多关注。1978 年至 1980 年发表的关于粒子宇宙学新兴领域的评论文章中，有 3 篇完全忽略了渐近自由和 GUTs，而是强调了渐近自由或 GUTs 之前的一些工作进展。[18]

在粒子宇宙学的创立过程中，不仅仅是理念的挑战。政治、制度和基础设施也发挥了巨大的作用。在 1970 年前后，当"冷战"时期的泡沫破裂时，学术物理学陷入了混乱。几乎所有的科学和工程领域在那个时候都进入了衰落期；而物理学的衰退速度和深度远远超过了其他领域。在 1967 年到 1976 年，以固定美元计算，物理学的资助下降了 1/3。到 20 世纪 70 年代初，美国物理学家面临着这一学科有史以来最严重的危机。[19]

但全学科的财政削减并不均衡，粒子物理学受到的冲击最大。1970 年至 1974 年，联邦政府在粒子物理学方面的支出减少了一半（直接削减和通货膨胀的综合作用），还有政府对高能物理学家的需求也突然下降。[20] 迅速的财政削减导致粒子物理学家迅速外流，1968 年至 1970 年，在美国，从粒子物理学领域离开的物理学家是进入的两倍。这种下滑态势持续了整个 20 世纪 70 年代，1969 年至 1975 年，美国每年培养的新粒子物理学博士人数下降了 44%，是物理学所有领域中下降最快的。与此同时，随着粒子物理学家的命运一落千丈，天体物理学和引力学成为美国物理学中发展最快的一些领域。在某种程度上，这也是受到了 20 世纪 60 年代中期一系列新发现（如类星体、脉冲星和宇宙微波背景辐射等）以及实验设计创新的影响，1968 年至 1970 年，这一领域的博士人数每年增长 60%，1971 年至 1976 年又增长了 33%，与此同时，物理学博士的总数却在急剧下降。[21]

物理调查委员会在衰退几年后进行了一次调查，并发布了一份新的报告《透视物理学》（1972）。报告指出，在削减预算的时候，理论粒子物理学家的表现最差。当对粒子物理学家的需求下降时，大量的年轻粒子理论家很难将他们的研究成果转移到别的领域。报告中，委员会要求相关部门改进粒子物理学家的培训方式：

> 理论粒子物理学家的就业问题似乎比其他物理学家更为严重。近年来产生的大量该领域理论专家及其高度的专业化被认为是造成这一困难的主要原因。这种狭隘的专业化已经表明，学习粒子物理不是一个不明智的选择，因为在物理学的任何领域取得真正的成功都需要更多的广度。大学团体有责任让他们最聪明、最有能力的学生接触到物理学所有领域的机会。[22]

在长达 2500 页的报告中，粒子物理学家是唯一被挑出来进行这种批评的。于是，学科的课程设置很快发生了变化，旨在扩大研究生对其他物理学领域的接触面，包括更加强调引力学和宇宙学。在美国各地，物理系开始开设这方面的新课程。美国出版商推出了几十本关于引力和宇宙学的新教科书，以满足突然到来的需求。要知道，一直以来教科书出版商对这个小领域的教科书都非常小心谨慎，他们觉得类似广义相对论的书，不管有多好，可能都没有多少市场，在这种情况下，物理学家们有时不得不自己想办法，例如，1971 年，加州理工学院启用了费曼 1962—1963 年的《引力学》课程讲稿的油印本，在 1974 年，一家波士顿的出版商也是在匆忙中出版了另一位物理学家关于广义相对论的非正式讲稿。[23]

在物理学家应对布兰斯 - 迪克理论和希格斯场等深奥概念的过程中，美国的物理学界随之发生着悄无声息的巨变。在 1979 年，两位物理学家几乎同时提出布兰斯 - 迪克理论和希格斯场在物理上是等效的，没想到这一发现居然整整等了 20 年。通过将布兰斯 - 迪克引力方程与戈德斯通 - 希格斯对称性破缺相结合，徐一鸿（Anthony-Zee）和李·斯莫林（Lee-Smolin）分别提出了"对称性破缺的引力理论"，实际上是将布兰斯 - 迪克的引力方程和戈德斯通 - 希格斯的对称性破缺以 φ 场结合在了一起。[24]（其实，1974 年至 1978 年，来自东京、基辅、布鲁塞尔和伯尔尼的物理学家们都曾尝试提出过类似的观点，但他们的观点在当时却没有受到关注。）[25] 在这一模型中，不仅被牛顿的"万有引力常数"$G(1/\varphi^2)$ 所限制的局部引力强度可以随着时间和空间的变化而变化（根据布兰斯 - 迪克的贡献），而且引力强度的值恰好对应 φ 场中对称破缺势能的最小值（根据戈德斯通 - 希格斯的贡献）。通过这种方式，徐一鸿和斯莫林解释了为什么引力与其他力相比如此微弱：当场稳定到最终状态时，$\varphi = \pm v$，使得 G，也就是 $1/v^2$ 只能是一个很小的值。[26]

　　徐一鸿对两个 φ 场的统一为美国物理学家指明了一条"冷战"泡沫破灭后从粒子物理学转向宇宙学的道路。20 世纪 60 年代中期，他在普林斯顿大学读本科时曾与引力学家约翰·惠勒（John Wheeler）共事，之后在哈佛攻读粒子物理博士学位，1970 年，他在该领域开始出现下滑之际获得了学位。他后来回忆说，在他读研究生的时候，宇宙学甚至从未被提及过。在博士后研究之后，徐一鸿开始在普林斯顿大学任教。1974 年，他在巴黎度假时与一位法国物理学家交换公寓，在这所公寓里，他偶然发现了一堆欧洲物理学家的论文，这些论文的内容是关于尝试用粒子物理学的思想来解释一些宇宙学特征，例如为什么我们的宇宙包含的物质比反物质多。尽管他发现论文中的某些观点不可信，但这次偶然的接触重新点燃了徐一鸿对引力的兴趣。休假归来，他又重新与惠勒取得联系，开始将他的研究兴趣越来越多地转向粒子宇宙学。[27]

　　而李·斯莫林，是在 1975 年进入了哈佛大学研究生院，正赶上课程改革开始实施。与徐一鸿不同的是,斯莫林在学习粒子物理的同时还选修了引力和宇宙学,因此他无须通过机缘巧合跨越这两个领域。斯莫林与布兰迪斯大学的斯坦利·德塞(Stanley Deser)密切合作,德塞当时正在哈佛大学访问。德塞是为数不多在 20 世纪 60 年代就开始关注量子引力学的美国物理学家之一,量子引力学试图将量子力学与广义相对论相容,从而来描述引力的本质。德塞也是世界上第一个发表文章引用布兰斯 - 迪克和希格斯两者成果的物理学家(尽管他在论文中认为这两个场完全不同)。斯莫林的另一位主要顾问是粒子物理学家西德尼·科尔曼(Sidney Coleman),他在几年前开始在哈佛物理系教授该系成立近 20 年来的第一门广义相对论课程。斯莫林上过史蒂文·温伯格(Steven Weinberg)的课,还与几位新材料的建筑师,包括霍华德·乔治(Howard Georgi)和客座教授杰拉德·霍夫特(Gerard't Hooft),一起参加过标准模型物理和 GUTs 的强化课程。在这一系列的课程学习后,斯莫林将研究重点放在量子引力上,并在他 1979 年的毕业论文中提出布兰斯 - 迪克理论和希格斯场的等效性。[28]

斯莫林的经历标志着他那一代物理学家的新路径,他们在 20 世纪 70 年代中后期接受教育,致力于引力和粒子物理的结合。如保罗·斯泰恩哈特(Paul Steinhardt)、迈克尔·特纳(Michael Turner)、爱德华·洛基·科尔布(Edward "Rocky" Kolb),以及斯莫林,他在 1978 年至 1979 年获得博士学位,在研究生期间对引力和粒子物理开始了正式研究。很快，斯莫林、斯泰恩哈特、特纳、科尔布和其他人就开始培养自己的研究生，让他们在这一新的领域进行研究。对这些年轻的物理学家和他们越来越多的学生来说，把布兰斯－迪克理论和希格斯场联系起来是很自然的事情。整个20世纪80年代，特纳、科尔布和斯泰恩哈特分别领导着各自的小组寻找两个 φ 场的关联性，在他们构建的宇宙模型中，布兰斯－迪克理论和希格斯场要么并列出现，要么就是一回事。其中一些人也成为狂热的开拓者，例如，科尔布和特纳在1983年建立了第一个粒子天体物理学中心，为费米实验室的研究转型开辟了空间。他们接着在1990年为这一新的子领域编写了第一本教科书——《早期宇宙》。[29]

: : :

科尔布和特纳的《早期宇宙》问世时，我还是大学二年级学生。多亏了有他们这样的书，使得像我这样的学生可以在本科时就能学习粒子宇宙学。我很快就被吸引住了，这在很大程度上要归功于费米实验室粒子天体物理中心的年轻物理学家们，以及科尔布和特纳的书（我最终买了3本，这样在任何时候都至少有一本在我手边）。对于我这一代的学生来说，在我们的研究中，利用布兰斯－迪克理论和希格斯场已经成了例行公事，甚至是第二天性，很难想象，在几十年前，这在物理学家看来还是一个极为新奇的想法。事实上，从今天的角度来看，物理学家们这么长时间都没有考虑到布兰斯 – 迪克理论和希格斯场的一致性，这才奇怪。在几代人的学术生涯中，两个领域的融合并不是不可想象，而是无法察觉。

两个领域如此简单的结合与在此之前双方如此的陌生，看似自然，实际说明了制度和基础设施的快速变化重塑了知识的变迁，并最终改变了年轻物理学家的求索界限。因此，当我在 2007 年秋天的上午，浏览 arXiv.org 上的预印本时，无意中发现了 "希格斯膨胀" 的文章，我立刻感到了一丝悲伤，为什么我没想到？[30]

宇宙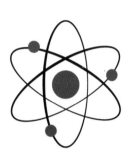

14. 寻找外星人

我妈妈给我打电话时很少问及我的研究。2010 年 4 月的那通电话是一个例外，当时她在电话里问："你同意斯蒂芬·霍金的观点吗？"这通常是一个很容易回答的问题。从黑洞的行为到早期宇宙的结构，一个安全的答案通常是"是的"，但这不是我母亲要问的。她很想知道我是否同意霍金"试图联系外星人是个坏主意"的观点。霍金警告说："任何收到我们广播的外星文明都可能会突然出现在我们家门口，并想留下来，但绝不会是友好房客的方式。"霍金推测，这样的高等文明可能正在寻找能够征服和殖民的星球。[1]很快，这个消息就从霍金的语音合成器传到了全世界的博客圈。以至于我妈都打电话来了。

那年春天，正好赶上搜寻外星智慧的 SETI 计划 50 周年纪念日，"外星人"成为每个人的嘴边和屏幕上的热词。尽管人类很早就幻想过外星人的智慧，但 SETI 的现代史始于《自然》期刊上的一篇简短文章。康奈尔大学的两位天体物理学家朱塞佩·可可尼（Giuseppe Cocconi）和菲利普·莫里森（Philip Morrison）在 1959

年假设，在电磁频谱中，可能有一个频率，智能文明正在这个频率上寻求与我们沟通。西弗吉尼亚州射电天文观测站的天文学家弗兰克·德雷克（Frank Drake）也有着相似的想法。1960 年，他以"奥兹玛计划"（Project Ozma）为代号开始对天空进行搜索，希望能捕捉到一些特殊频率的信号。迎接他的大多是嘘声，他曾收到一声震耳欲聋的声音，但后来发现，那声音不是来自天空，而是来自附近一个军事设施。但德雷克并不气馁，他开始号召其他同事参与这个话题，寻找 ET。[2]

可可尼和莫里森在《自然》发表的文章今天读起来仍然很吸引人。这篇文章在苏联首颗人造卫星发射不到两年后发表，它是头脑冷静的计算能力和几近狂热的乐观精神的结合，"能行"和"天才"的精神，正是太空时代的早期特征。为什么要寻找外星人的信号？因为有那么多的星辰在那里，可可尼和莫里森解释说，许多与我们的太阳系非常相似。因此，我们物种类似地球的进化环境，在整个银河系中可能相当普遍。可可尼和莫里森进一步确信，那些无数的文明很可能也有"科学兴趣"，并且可能已经发展出比我们现有的技术更强大的科技力量。他们断定，在有类似地球环境条件的地方，就可能有生命。哪里有生命，哪里就有科学。[3]

在论文中，可可尼和莫里森使用了一个奇怪的倒推逻辑：考虑到我们的科学技术现状，我们应该如何预测先进的外星人会试图怎样联系我们？人类最近已经知道氢原子以特定频率发射微波：这就是所谓的"21 厘米线"，1951 年，在哈佛实验室首次测

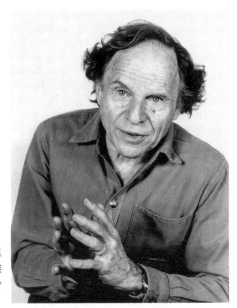

图 14.1 天体物理学家菲利普·莫里森（图片来源：由美国物理研究所埃米利奥·塞格雷视觉档案馆提供,《今日物理》收藏。）

量到。"由于氢是宇宙中最简单和最丰富的元素，它无疑提供了一个独特的、客观的频率标准，宇宙中的每个观察者都必然知道。"可可尼和莫里森写道，"毕竟，我们都已经知道了。"根据他们的计算，这条特殊线路的频率位于电磁频谱的最低点，远离自然产生的背景噪声。考虑到这一频率的普遍性，外星人应该会判断到任何文明在早期都可能会设计该频率的敏感接收器，就像我们所做的那样。因此，外星人唯一"理性"的选择就是以这个频率广播他们的信息，考虑到我们现在的科学发展，相信有朝一日，我们会跟上他们或者我们想象中的他们的科技发展路径。可以看出，对他人的推理不可避免地来自我们自己的投射。[4]

图 14.2　1985 年，弗兰克·德雷克（后排，右二）和其他 Ozma 项目团队的成员在西弗吉尼亚州格林班克市的国家射电天文观测站，在霍华德·塔特尔 85 英尺高的射电望远镜前。（图片来源：由 NRAO/AUI/NSF 提供。）

一个人不必是一个精神分析学家，也不必拥有文化研究的博士学位，就能在可可尼和莫里森的文章中发现一种甜蜜、宁静的渴望。他们断言，不仅可能存在先进的地外文明，就连外星人很可能也是温和的、善良的长者，监视我们的恒星邻居期待着太阳系的科技发展，并"耐心地"向我们发出信号，一直希望得到我们的答复，并可能会宣布"一个新的星球又加入了星际智慧联盟"。[5] 在莫里森开始研究 SETI 之前，他曾参与过战时的"曼哈顿计划"。他在 1945 年核弹爆炸事件发生几周后作为第一科学考察队的一员，调查了广岛和长崎。经过这次难熬的经历，莫里森把精力逐步转向了军控运动。在 20 世纪 50 年代早期，他因支持激进的"世界政府"理念而受到"扣赤色分子帽子"的批评家责备。[6] 难怪不久之后，他转向天空，去寻求一个更理性、更受欢迎的文明共同体。

SETI 作为核时代的一个副产品走进历史。继可可尼和莫里森之后，射电天文学家德雷克在 1961 年接手 SETI 研讨会，他提出了一个方程式，现在被称为"德雷克方程式"。他想要通过一些方法来估计先进的外星文明存在的可能性。变量包括新恒星形成的平均速率，其中有多少具有行星，又有多少可以形成适合生命生存的条件等。他的方程式中的最后一项 L 表示外星文明的平均寿命。[7] 可可尼和莫里森的论文中反映出的是早期太空时代的乐观主义精神，而德雷克的方程式则带有"冷战"的痕迹。对德雷克和他的所有同事来说，L 一直代表着全面核战争。可可尼和莫里森认为生命必然导致科学。德雷克认为：科学是无情的，它造出了核武器。

物理学家保罗·戴维斯在他的书《诡异的寂静：我们如何寻找外星文明》（2010）中记录了 SETI 项目的细节。戴维斯是知名物理学家，从事宇宙学和天体生物学，并领导亚利桑那州立大学超越科学基本概念中心（他早期最有影响力的工作是完善了真空的概念）。他在书中警告，不要混淆这件事的必要条件和充分条件，水和氨基酸虽然对生命是必要的（至少对我们所知的生命是必要的），但在遥远的星球上，它们的存在却远远不足以让生命出现。同样，在类似太阳的恒星系有类地行星存在也不能说明什么。在可可尼、莫里森和德雷克开始制定搜索策略的时候，天文学家还没有直接观测到太阳系外的行星。今天，天文学家已经发现了数千颗这样的"系外行星"，观测技术的改进将会揭示更多的行星。然而，戴维斯指出，即使在我们的银河系中发现的系外行星呈指数级增长，生命的发现也不可能同样以指数级增长。在 SETI 早期，从恒星到行星再到生命，最后到智慧生命的简单推断不过是一种粗浅的猜测。因此，戴维斯总结道，"诡异的寂静"——尽管 SETI 50 年来一直在倾听，但没有得到任何可证实的信息——可能意味着我们所知的生命确实是罕见的，但也不能说文明不可避免地会走向核灾难等自我毁灭。[8]

戴维斯还重温了早期 SETI 工作背后的其他假设。可可尼和莫里森认为智慧文明必然会进行科学研究，戴维斯反驳说，即使在地球上，科学也不是万能的。此外，二十世纪五六十年代普遍存在的那种认为基础科学必然导致技术进步的旧观念似乎很难与人类自身的历史记录相吻合。中国古代文明发展了惊人的技术，但几乎没有发展出西方式的科学。如果科学和技术在我们自己物种中都是在较短的时间内（从宇宙学的角度）偶然发展的，那么我们为什么要假设外星文明会按照"规律"从智能到科学再到技术呢？

戴维斯从某种意义上是质疑科学的普遍性的，包括对科学探究的动力和科学活动，更进一步便是科学知识的普遍性。我们对自然界的科学表述是否具有普遍性？可可尼、莫里森、德雷克和他们的追随者在半个世纪的 SETI 项目中一直在争论电磁频谱的哪个区域是最"合理"的搜索目标。他们觉得他们的论据是基于自然本质的，比如 21 厘米的氢线或类似的水分子的反射光谱。但是，谁能说其他先进文明，即使他们真的追求科学研究之类的东西，也会像我们一样将自然如此细分呢？科学知识的发展是独立的吗？我们现在用原子、电子、量子跃迁和电磁波等概念来思考，这些是理解物理现象的唯一方法吗？西方科学的思想史是一条普遍的路径？是宇宙中任何地方的智力进化都会经历的某个固定节点吗？

戴维斯还以另一种方式论述了普遍性问题。他曾担任国际宇航科学院 SETI 探测后工作组的主席。该委员会的职责是制定一个协议，以便在有人探测到可能来自外星的信号时有章可循。如今，像所谓的政府掩盖不明飞行物和外星人那样的阴谋论话题已经越来越少了。戴维斯的团队力求在军事化保密和完全公开之间走一条中间道路。该委员会制定的协议要求首先通过"国际天文学联合会天文电报中心"（Central Bureau for Astronomical Telegrams of the International Astronomical Union）与其他天文学家分享可信的证据（人们不禁觉得这个名字很搞笑：宣布发现了来自宇宙的电报？），全球的专业人士通过审查证据，排除其他可能的解释，比如像 1960 年欺骗了德雷克的地面信号。接下来，这个信号的发现者应该提交国际电信联盟、国际科学联盟理事会，最后是联合国秘书长。只有在这些国际协会得到通知并同意后，发现者才能向公众宣布这一发现。[9]

在长长的"电报"接收者名单中，最引人注目的是任何国家的政府。在很大程度上，这是因为 SETI 活动不再得到政府资助。美国国家航空航天局（NASA）曾经参与过 SETI 的游戏，但现在不了。可可尼 - 莫里森搜索战略在 1975 年获得过 NASA 对 SETI 研究的第一笔拨款。很快，资金流向了美国各地的研究机构。1992 年哥伦布日，在哥伦布到达新大陆 500 年后，NASA 大张旗鼓地启动了自己的 SETI 观测计划。NASA 在 1975 年至 1993 年期间在 SETI 上总共花费了近 5700 万美元，并承诺了额外的 1 亿美元，与大多数"大科学"拨款相比，这个数额并不大，但仍然是实实在在的资金。但美国国会在 1992 年哥伦布日庆祝活动一年后就取消了对 SETI 的所有联邦资助。从那时起，SETI 在美国和世界各地的活动都只能靠私人捐款获得支持。[10]

SETI 在国会的问题源于 1993 年秋天的预算削减浪潮。事实证明，对 SETI 的辩论是对更大目标的预演。在政府结束对 SETI 的资助后的几个星期，立法者们取消了对超导超级对撞机（SSC）

的资助。NASA 每年对 SSC 的支出比在 SETI 上的花费高出 1000
倍，但两者被同一把斧子先后砍掉了。与 SSC 不同的是，SETI 的
操作规模小、效率高、管理良好且预算合理。但对 SETI 项目几乎
没有任何承包商愿意为其辩护，在国会中也无法承担起多少政治
许诺。SETI 打破了学科之间的裂痕，它使用物理学和天文学的工
具，却不属于这两个领域中的任何一个，它还牵扯生物学，包括
生命、进化和智慧生物。

除了削减预算和通常与政府讨价还价之外，SETI 还遭遇了形
象问题，这就是"玩笑因素"（giggle factor）。爱作秀的国会议员
在 1990 年大肆抨击政府时说，政府为什么要花费数百万美元来搜
索外星智能，难道就是为了人们在报摊上花 75 美分能买到这方面
内容的小报。1993 年，一位参议员在提出终止 SETI 资助的最终
修正案时宣称："火星狩猎季该结束了，纳税人已经为此付出了代
价。"硅谷企业家和其他私人慈善家此后承担了这一费用，使 SETI
的研究人员得以继续进行该项目。[11]

在谈到外星人的时候，SETI 项目经常与神秘话题或伪科学
联系在一起。今天在互联网上搜索可可尼和莫里森的文章，你会
发现这些文章与新时代萨满教专家卡洛斯·卡斯塔尼达（Carlos
Castaneda）和神秘环保主义者关于盖亚假说的文章和书籍放在一
起。批评人士指责说，在没有得到证实的情况下，这个领域一直
靠信念、希望和猜测维持；支持者反驳说，不可能有那么快。其
实，SETI 在美国国家科学院的 3 次 10 年回顾中获得了较高的评价。

这得益于，为了使项目能够提高探测能力，推动了微波电子学和信号提取技术获得了重大进展。弗兰克·德雷克第一次 SETI 搜索只能依靠单通道接收器，到 20 世纪 90 年代中期，SETI 设备可以同时扫描 2.5 亿个频道，分辨率提高很多。难怪美国联邦航空管理局和国家安全局都对 SETI 的衍生产品表示了兴趣，而另一些 SETI 技术被悄悄地推广到下一代模拟热核武器的内部工作中。[12]

戴维斯则对另一个衍生品充满兴趣。这就是，SETI 可以激发人们对科学的更大兴趣，鼓励年轻人提出更宏大的问题：不仅仅是关于浩瀚的太空和宇宙的进化，还有关于人类的状况，以及把我们作为一个物种团结在一起。戴维斯也像霍金一样，同样想到了对外星人的悲观看法。虽然 SETI 不广播自己的信号，它只被动地监视其他人的信号，但其实戴维斯赞同"METI"，即向外星智能发送信息。他认为没有理由认为外星人会有类似人类的野蛮（嫉妒、殖民冲动等）特征。这是戴维斯要传达的真实信息吗？"保持清醒，保护自己。"他说，"我们是一个无助的种族，只能用核武器武装到牙齿。"[13] 戴维斯在镜子里看到了霍金所说的外星人，他们就是我们。

事实上，SETI 可能会在核领域作出伟大的贡献。SETI 似乎与美国能源部最近的努力非常相似，这不是什么伪科学或神秘学。在过去的 20 年里，国家核储备的监管者们不得不发挥创造力，设计安全的设施来存放大量的放射性废物。一些核武器或核能最危险的副产品，包括钚的同位素，其寿命长达数十万年。剧毒的废物将伴随我们很多很多年。第一个挑战是，要在地球上找到在这些时间尺度上保持地质稳定的地点，将这些垃圾可以埋在其中。第二个挑战是，设计符号系统，以警告我们未来的后代，从现在起30万年，不要去挖掘掩埋的地区。正如哈佛大学科学史学家彼得·加利森（Peter Galison）说的那样，美国核机构正寻求不同领域专家的帮助，包括智慧的语言学家、人类学家和雕塑家，以想象在遥远的未来，我们如何与那时的地球生物进行交流。[14] 毕竟，拉丁字母表仅能追溯到2600年前，楔形文字是人类已知最古老的书写形式，它的历史也就几千年。我们不能自大地认为，我们现在的交流方式，到公元300000年还能被认出来。

SETI的专家与语言学家和艺术家一起，努力想办法与未来的我们沟通，这需要像SETI项目那种激进的想象力。这两种努力都跨越了学科间的界限，两者都面临着从无意义的噪声中提取有意义信息的挑战。两者都需要专家从我们对自己文明的了解中找到方法，以实现与遥远的他者的交流。他们是核子时代的一对双胞胎，都被弗兰克·德雷克著名方程式中的 L 所影响。

15. 《引力》令人着迷

1973 年 9 月 出版界发生了一件了不起的事：一本 1279 页重达 3 千克的书出版了，书名很简单：《引力》。这本书很快就证明，它不仅是关于引力的，而且是本身就具有极大的吸引力。这本书很快获得了多个昵称，包括"电话簿"（因为它的厚度）和"大黑皮书"（因其圆润现代感的封面）。还有一个更多被使用的——"MTW"，以作者查尔斯·米斯纳（Charles Misner）、基普·索恩（Kip Thorne）和约翰·惠勒（John Wheeler）名字的缩写命名。[1]

《引力》一书核心内容是阿尔伯特·爱因斯坦卓越的引力理论——广义相对论。爱因斯坦在一个多世纪前完成了这个理论。当时，爱因斯坦辛苦工作了近 10 年，虽然开始经历了一系列困难，但很快进入"开挂"的状态。在整个 1915 年 11 月，他定期向普鲁士科学院（Prussian Academy of Sciences）提交关于新理论的最新报告，每周四提交一次报告，连续 4 周在每次报告中调整细节。到了月底，他推导出了物理学家们至今仍在使用的方程式。优雅而精练，简短到可以发微博。爱因斯坦的主要见解是，空间和时间是大自然故事中的主角，而不仅仅是一个固定的舞台。根据爱因斯坦的说法，空间和时间就像蹦床一样摇摆不定，它们可以随着物质和能量的分布而弯曲和膨胀。这种扭曲反过来会影响物体的运动，使它们偏离直线和狭窄的路径。[2]

在第一次世界大战结束一年后，由亚瑟·爱丁顿（Arthur Eddington）领导的一个英国研究小组宣布，他们已经证实了爱因斯坦的一个关键预测：引力可以弯曲星光的路径。这一戏剧性的新闻使得爱因斯坦和他的理论立即成为明星。然而，人们对这一理论的兴趣到 20 世纪 30 年代逐渐减弱了。1942 年爱因斯坦本人在一位同事的教科书序言中也曾感慨地指出："我相信，对大多数大学来说，在相对论的系统教学中投入更多的时间和精力是更好的选择。"[3]

几年过去了，终于有一些老师开始听从爱因斯坦的号召。最早也是最有影响力的是约翰·惠勒，他在 20 世纪 50 年代中期开始在普林斯顿大学开设物理 570——一门关于广义相对论的完整课程。他很快就吸引了世界一流的研究生，包括查尔斯·米斯纳和基普·索恩。15 年后，米斯纳、索恩和惠勒担心广义相对论的教科书跟不上现代发展的步伐，于是联手撰写了《引力》一书。[4]《引力》出版后，很快又出现了几本关于广义相对论的新书，包括史蒂文·温伯格（Steven Weinberg）的《引力与宇宙学》（1972）和斯蒂芬·霍金、乔治·埃利斯（George Ellis）的《时空的大尺度结构》（1973）。[5] 与其他书不同的是，MTW 颠覆了许多人对教科书的认知。

米斯纳、索恩和惠勒显然打算将《引力》作为一本教科书，面向学习高等物理的学生。从惠勒与合著者的早期规划会议笔记中可以看出，他们心里一直想着"美国研究生课程规划委员会"会如何要求此书的写作风格。当然，在从教科书的角度思考的同时，他们也把这个项目看作一个类型实验。他们为这本书建立了一个相当复杂的结构，将书分为两个部分：一个部分是核心的介绍性材料，占到不足 1/3 的篇幅，另一个部分是核心部分的扩展、阐述和应用。[6] 这两个部分是不连续的；许多章节被一节一节地分成各个部分。更新奇的是，书中广泛使用"盒子"作为补充材料的呈现方式。这些"盒子"用浓重的黑线从正文中画出，打断了普通章节的阐述，通常一个就要占几页。一些"盒子"类似于"侧边栏"，是面向年轻学生教学的重点内容，其中结合一些著名物理学家的简短传记或重要实验的简要描述。《引力》中的大多数"盒子"有不同的用途，根据惠勒的记述，这些"盒子"是为了构成"教学的第三通道"，甚至超过了上面说的那两个部分。"它们区别于正文的系统完整性，我们希望它是课堂上向学生展示的一些让学生系统了解知识的学习材料和计算方法。他们的教学目标很明确：当一位作者起草一部分内容时，合著者会做一篇测试文章，看学生是否用它来讲述。"[7]

作者们对这本书的装帧和制作给予了极大的关注。索恩与原出版商 W. H. Freeman 在旧金山就"盒子"的线条的粗细、箭头样

图 15.1 左上角，查尔斯·米斯纳（图片来源：由美国物理研究所埃米利奥·塞格雷视觉档案馆提供，《今日物理》收藏。）；右上角，1977 年的基普·索恩（图片来源：加州理工学院档案馆提供）。下图，约翰·惠勒 70 年代末在他的办公室。（图片来源：弗兰克·阿姆斯特朗为德克萨斯大学奥斯汀分校拍摄，由美国物理研究所埃米利奥·塞格雷视觉档案馆提供，惠勒收藏。）

式以及数百张插图，事无巨细地核对。索恩还提醒出版社的编辑，书稿的几个特点需要在排版时体现出来，除了大量的数字、表格和方框之外，至少需要6种不同的字体，甚至多达8种。[8]（在书出版之前，索恩担心印刷的复杂性会让出版商出错。他建议，其他语言版本中的方程式都按英文版的方程式进行图片复制，不要重新排版。）[9]由于这本书不同寻常的结构，作者们还在整本书中插入了数千条旁注。有些旁注总结了正在讨论的问题，而其他许多则是"依赖性陈述"，这让书中每一点都串了起来，使读者明白这一章节讨论的问题依赖的另外的几个章节，以及哪些章节与这一章节相关。[10]

在解决了写作和排版的每一个细节之后，就在他们将要提交最后一版书稿的3周前，他们却惊讶地得知，出版商对这本书的看法与他们居然大不相同。索恩会见了编辑后给他的合著者写了一封信："我很震惊地从布鲁斯[编辑阿姆布鲁斯特（Armbruster）]那里得知，出版社对我们的书非常不满意，他们并没有把它当作教科书，而是把它当成了一本科学专著。我想这与本书的巨大篇幅有关。"出版商的计划是制作成昂贵的精装本，主要供图书馆购买，出版社根本没想过这本书会在教科书市场上占有一席之地，索恩努力使编辑相信学生用书会有很好的销量，但这需要让出版社对印刷和定价进行改变。[11]

《引力》一书到底应该是一本图书馆的参考专著还是能在课堂上使用的教科书？这本书的形态确实让人为难，它有着不寻常的尺寸：将近 1300 页，每一页都比当时的标准教科书宽一英寸，高一英寸，精装而不是平装。对作者来说，《引力》显然是一本教科书，但精装似乎更合他们的意，正如索恩解释的那样："在我看来，平装书的版本不能很好地让一个学生在一年的课程中持续使用这本书。"但是精装书的价格却使学生们难以承受。[12] 出版商向他们保证平装书的装订也能支撑得住，后来作者与出版商达成了一项协议：平装书降低版税。出版社的目标是使平装书的价格低于当时最新出版的温伯格的精装书《引力与宇宙学》的价格。出版后，米斯纳、索恩和惠勒的《引力》的平装版售价为 19.95 美元（2020 年约合 110 美元），精装版的售价是这一价格的两倍。由于出版商现在将这本书视为教科书而不是参考专著，并且有了折衷的定价计划，索恩相信这本书能够"百分之百地占领这一领域的教科书市场，或者尽可能地占领这一市场"。[13]

与作者和出版商一样，评论家也认为这本书与众不同。一位《科学》杂志的评论员说："这是一部教育学的杰作。一本伟大的科学书籍，一盏照亮阿尔伯特·爱因斯坦绘制的新理论物理洞穴的阿拉丁神灯。" 另一位评论家说："想象一下，三个极具创造力的人聚在一起创造了一本科学书籍。不仅仅是为了写作，更是为了创造一种基调、一种风格，甚至是一种新的阐述方法。"还有许多评论家称赞书中丰富的插图和创新的文本框。[14] 但也有很多人抱怨说，两个部分穿插写作加上这么多插入的文本，感觉很复杂而臃肿。"这是一本很难以按顺序、渐进的方式阅读的书，有许多不必要的重复（几乎每件事都至少说了3遍）。"《当代物理学》的一位评论家说："各种各样的噱头令人困惑——带引号或方框的标题、旁注、几页的文本框说明、加黑字体、普通字体、大字体、小字体等。很明显，这本书是一次大规模的文本实验。"[15]

几乎所有的评论家都对这种写作风格发表了评论。惠勒在物理学家中早以其朗朗上口的语录和引人入胜的散文而闻名（惠勒创造了"黑洞"一词）。惠勒早期在这本书规划说明中就声明，他和他的合著者必须"弄清楚这个想法"。但必须是冷静且实事求是的，而不是夸张而煽情的。[16]并非所有的评论者都同意惠勒的想法。一位评论员写道，这本书的特点是"与众不同的散文风格，从用语到抒情"。"但一个人的抒情，对另一个人可能只是打油诗。诗意的风格是可以理解的，但如果一个人要处理像'预几何'这样的（推测性）主题，那诗意的段落在微分几何中，更可能会妨碍读者的理解。"另一位评论员这样总结道。[17]还有一位评论员不客气地说，"这种非正式的写作风格太过于简单，甚至对读者的智力是一种侮辱"。又一位评论员则对这本书的语气很不满，他嘲讽说，"读者对这本书最感兴趣的地方也许是作为《时代》杂志常客的作者们，这些作者的作品与《时代》一样具有令人窒息的风格"。[18]苏布拉马尼扬·钱德拉塞卡（Subrahmanyan Chandrasekhar），这位在印度长大的天体物理学家、诺贝尔奖得主在英国接受训练，定居在美国，他同样也注意到这本书的风格，他说了一句令人难忘的话："这本书给人留下了一种压倒一切的印象。其风格在精确的数学严谨性与福音派的修辞风格之间波动。这本书是带着传教士向食人族传教的热情写成的。但我（可能是出于历史原因）一直对传教士过敏。"（索恩写信给钱德拉塞卡，说这一段让他笑了十分钟。）[19]

在认可这本书不同寻常的内容、写作风格和教学创新的同时，大多数评论家倾向于认为：该书作为教科书，主要适用于研究生水平的引力物理学课程。这本书确实取得了成功，它几乎垄断了这一领域的教科书市场。出版几年后，该书每年仍能卖出4000~5000册，而它的主要竞争对手，温伯格的《引力与宇宙学》每年只能卖出1000册左右。索恩向出版商说，到20世纪70年代末，物理学研究生中有大部分人会人手一本。[20]这本书在第一个10年里总共卖出了5万册，当时，美国每年有大约1000名物理学博士毕业，没有哪个国家的物理学博士毕业人数有这么多。[21]

从一开始一些读者就在《引力》一书中看到了教科书之外的东西。出版商也戏剧性地改变了发行渠道方向。编辑们刚准备出版时，是把这本书当作图书馆购买的参考书，于是决定做一个特价的广告，向大众杂志《科学美国人》的订阅者提供25%的折扣。当时，索恩不同意，他说测试这本书"需求弹性"的一个更好的方法是面向我们最关心的市场——向学生和年轻学者提供折扣。他敦促出版社向大学书店而不是美国科学爱好者提供折扣。[22]尽管如此，出版社还是有所收获。这本书出版后，大量的评论不光来自科学和物理学领域，《华盛顿邮报》也对该书作了整版的评论，得克萨斯州圣安东尼奥的一家日报也推荐了这本书，评论员就是威廉姆斯学院的一位物理学家，他说："也许在这儿讨论一本满是数学的教科书是件奇怪的事，特别是它还重 3 千克，一般人几乎搬不动。但是，那些喜欢读书的人一定会觉得讨论它是件有趣的事。《引力》当然值得推荐，这本引人入胜的'散文'唤醒了人们的希望，也许这种模糊而忧郁的风格不会永远流行，但已经影响了美国科学的很多领域。"还有评论者说，更妙的是，本书内容组织不同寻常，像那些前卫的电影制作人一样，创新地"打破线性叙事的风格"。[23] 他鼓励他的读者说："我不是数学家，我读了 200 页左右，觉得并不令人可怕。如果你有好奇心和想象力，你就不会被吓倒，有挑战，也很有吸引力。这本书组织结构非凡，主题鼓舞人心，是一本极好的、值得一读的书。"小说家都得不到这么热情的评论。[24]

粉丝们的信也从世界各地源源不断地寄给作者。许多信来自同行，他们表示自己非常喜欢在正式课堂上用这本书教学；[25] 另一些则来自更远的地方，一位来自意大利一家医院的读者（不清楚这封信是来自一位病人还是一位医生）来信的目的是逼问作者，在本书出版后的 3 年里，他们对宇宙的看法是否发生了变化（这封信的作者通过阅读《科学美国人》的意大利文版，跟上了该领域最新的讨论）。他还有些更具体的问题，比如，在一个从大爆炸到大崩溃的宇宙中，生命的命运将是什么？他非常渴望得到答复，所以答应给任何能花时间回答这一问题的人（作者或他们的研究生）200 美元。并附言道："希望我的请求没有冒犯你，时间 = 金钱。"[26]

布鲁塞尔的一位工程师出于另一个原因翻阅到了这本书。他决定在开始服兵役之前通过《引力》来帮助他学习英语。"我的希望完全实现了，《引力》对学英语太有帮助了，因为它还能让我享受物理！"这本书给了他很大的灵感，以至于他画了满满 7 页异想天开的卡通画，都是安东尼·德·圣 - 埃克苏佩里的小王子的风格，用以说明他从《引力》一书中学到的概念。[27]

也有些宅男读者给作者写信。尤其令人辛酸的是来自俄勒冈州波特兰的一位读者："我这里翻翻，那里看看，一直像个傻子似的浏览你们的书。我想我在其中获得了一种平衡感和掌控世界的感觉。"他这样写道：

> 当朋友问我在做什么时，我真不该告诉他们我正在读《引力》这本书。有时，我认为他们是对的，我觉得我处在疯狂的边缘。当我出去在酒吧跟别人坐在一起时，听他们谈论他们的爱情、货车的离合器、孩子们的问题、自来水和公共汽车服务等，我看到他们一直在处理他们自己生活中的问题，而看看我，为什么我更在乎是否了解轻子和麻风病之间的区别？

但是，他就是摆脱不掉那些对爱因斯坦的疑问："上帝在创造宇宙时是否作出了选择？"还想知道"大爆炸和引力坍缩都是上帝

的设计吗".[28]

　　该书出版 6 年后，销量仍然很高，惠勒便想了解一下这本书成功的原因。惠勒在给编辑的信中说："许多人购买这本书，也许是因为他们被书的神秘感、文本框和有趣的插图吸引，其实他们并不期望也永远不会深入研究其中的数学。"他估计有一半的读者属于这一类。在考虑修订和更新这本书时，惠勒提道："我觉得我们可以增加一些内容，删掉多数无趣的内容，来适应这个群体。"[29]惠勒的计划并没有实施，这本巨著之后再未修订，但惠勒的观察是正确的。后来，他们改编了一本专门的教科书，把它做成了一本交融的著作，这本著作让该专业领域的博士生感兴趣的同时，也吸引着《科学美国人》的读者。

　　《引力》没有成为图书馆资料室的资料书，却在市场上热销。这本书在物理学家的专业期刊上得到了广泛的分析和评论，它激发了记者和非专业读者的热情，没人知道为什么这样一本厚重的、充满了复杂的方程式，有那么多种字体和繁杂的旁注的书，却能产生如此广泛的吸引力。也许它击中了几代人以来对爱因斯坦优雅理论的追问，激发出了人们内心的疑问。我们为什么在这里？我们在宇宙中的什么位置？

　　我仍然很珍爱我的 MTW 原版书，这是我研究生期间在二手书店买的。到目前为止，装订已经几乎解体，页面有点儿发黄，随时可能散架。尽管普林斯顿大学出版社最近出版了一本精美的再版版本，但我还是更爱这个原版。[30]今天，这两个版本并排放在我的书架上，占据了超过 6 英寸的书架空间。当我想研究一下那些世界一流的教授是如何提出一个特别精彩的问题时，我会打开新版本，但是，当我想感受或想象在我之前的老师和学生是如何探索物理世界时，我会用双手去触摸这个老版本。

16. 宇宙进化之争

　　明天会与今天一样吗？从现在开始的 1000 万个明天，从现在之前的 10 亿个昨天，宇宙一直都像我们现在所观察到的那样，还是说宇宙就像人类的命运那样会随时间而进化或改变呢？这个问题并不新鲜。柏拉图说，在他之前赫拉克利特就观察到"所有都将逝去，世间没有永恒"，也就是大家都熟知的短语："人不能两次踏进同一条河流。"[1]

　　爱因斯坦也对宇宙变化的本质感到好奇。他在提出广义相对论后不久就开始思考这个问题。面对广义相对论的新方程，他陷入深思，引力引起时空弯曲的关键认知，是否真的不只适用于局部现象？如行星围绕恒星旋转，光线路径在接近大质量物体时弯曲，是否真的完全适用于整个宇宙？他提出了一个简单的宇宙思想模型，假设宇宙中所有的质量和能量均匀地分布在整个空间中，并以此推动了一个新学科的诞生，被人们称为"相对论宇宙学"：试图在广义相对论的范畴内描述整个宇宙。[2]

　　很快，爱因斯坦就明白了一个事实，其他的物理学家并不都认可自己的观点。有些人不仅认为爱因斯坦的方程式是错误的，而且是令人难以接受的，他们拥有完全不同的宇宙观。年青一代在探索宇宙早期图景的时候，也常常会陷入争吵，他们在数学、美学和宗教等多个维度展开辩论。到我们这个时代，就像在爱因斯坦时代一样，宇宙进化仍然是一个艰深的问题，对于我们如何才能真正了解宇宙以及我们在其中的位置的问题，谁能说清楚呢。

: : :

年轻的俄罗斯数学物理学家亚历山大·弗里德曼（Alexander Friedmann）是最早试图用广义相对论描述整个宇宙的科学家之一。弗里德曼是圣彼得堡人，第一次世界大战结束后不久，当他第一次知道爱因斯坦的相对论时，他的城市被重新命名为彼得格勒，以纪念 18 世纪的沙皇彼得大帝。1924 年年初，当弗里德曼发表他雄心勃勃的宇宙学著作时，布尔什维克又重新将城市命名为列宁格勒。在这样的混乱时期，弗里德曼对相对论宇宙学的探索强调了宇宙的演变甚至崩溃，这并不令人奇怪。在一系列简洁的论文中，弗里德曼证明了爱因斯坦的方程可以描述宇宙的演化，从一个微小的奇点到远超星系的尺度。弗里德曼指出，在某些情况下，宇宙可能会停止膨胀，并开始坍缩。决定宇宙命运的关键因素是空间中物质和能量的平均密度。密度过高的宇宙会膨胀后坍缩，而密度过低的宇宙将会永远膨胀下去。[3]

爱因斯坦完全不喜欢这一观点。他厌恶宇宙膨胀的想法，或者任何大规模的演化。随着时间的推移，这种变化缺乏物理的美感，爱因斯坦抱怨说：他更喜欢宇宙的原始对称性，无论是过去还是将来。尽管爱因斯坦对弗里德曼的观点不屑一顾，但一位年轻的比利时数学物理学家乔治·勒马特（Georges Lemaitre）却对此很感兴趣。除了爱因斯坦方程的魅力，勒马特的灵感来自美国天文学家埃德温·哈勃（Edwin Hubble）当时的观测。哈勃和他的同事们在南加州用世界上最大的望远镜发现了一个有趣的现象：即距离地球越远的星球，移动的速度也越快。勒马特甚至比哈勃更早得出了结论：我们的宇宙似乎在膨胀，遥远的物体随着时间的推移与其他物体的距离越来越远。1931 年，勒马特进一步强调，如果今天宇宙正在膨胀，那么过去它一定更小。那么在有限的时间以前，宇宙中所有的物质也许都集中在一个点上。勒马特总结说，宇宙一定是在一个非常热的稠密状态下开端的，他称为"原始原子"，并且从那以后宇宙一直在膨胀。[4]

在学习物理和数学的同时，勒马特一直在追求他的另一大爱好：神学。他在 1923 年被任命为天主教牧师，至少在早期，他的宇宙学和神学似乎得到了很好地结合。在他的一篇关于原始原子的早期草稿中，他狂想道："我认为每个相信至高无上存在的人都会很'乐于'看到科学和宗教之间可以如此和谐。"他在出版之前删掉了这段话，并提出反对将神学和宇宙学混为一谈，也许是因为他考虑到《自然》中的文章很少援引上帝。他特别直言不讳地批评《圣经》的文学主义者，一次又一次地提到伽利略在 1615 年

图 16.1 20 世纪 30 年代，阿尔伯特·爱因斯坦（右）会见乔治·勒马特，加州理工学院院长罗伯特·A. 密立根（左）陪同。（图片来源：贝特曼摄，由盖蒂图片社提供。）

写给克里斯蒂娜公爵夫人的信中阐明的立场：《圣经》是在教导我们如何到达天堂，而不是让天堂消失。[5]

勒马特的新发现得到了很多物理学家的关注，他们倒不是同意其科学宗教和谐论，而是相信宇宙确实有一个开端，并一直演化至今。而对另一些人来说，这样的场景太像《创世记》中的描述了。亚瑟·爱丁顿是贵格会（Quaker）教徒，英国天体物理学家，做过勒马特的老师，他说，"宇宙在时间上有一个开端，这从物理上来说是可能的，但在哲学上，这是个令人难以接受的观点"。理查德·托尔曼（Richard Tolman），一位加州理工学院知名的物理化学家，也是美国最早的相对论宇宙学倡导者之一，他的观点更进一步。他在 1934 年说："我们必须要特别小心，确保我们的判断不要受到神学的影响，也不要受人类希望和恐惧的影响。"[6]

许多早期的宇宙学家成为畅销书作家。在他们撰写的通俗读物中，自由地讨论科学、美学、宗教等方面的问题。那时，一般这种著作很少引起来自科学领域之外的非议，那是由于人们对进化的概念有着完全不同的认识。1925 年的斯科普斯案①引发了公众对达尔文生物进化论与宗教创世论的轰动性热议，就在人们对田纳西州公立学校是否教进化论进行激烈争论时，宇宙学家的进化思想却没有激发起什么恐惧或愤怒，只是迎来了一片笑声。[7]看看《纽约时报》相关报道时的用语吧："爱因斯坦主义：忽略它，因为它与我们无关"（1923）；读者应该把现代物理学归入"你现在还不必担心的事情"（1928）；现代宇宙学就像中世纪神学家计算能坐在大头针上的天使的数量一样古怪（1931）；现代物理学无法回答生命中最重要的问题（1939）。当爱因斯坦和他的同事们为宇宙进化的观点争论不休时，圈子之外的人很少有人觉得有必要加入进来。[8]

---

① 1925 年 5 月 7 日，民主党政客布赖恩在田纳西州戴顿镇地方政府向法院起诉，指控当地年轻的生物教员斯科普斯在课堂上讲授进化论，违反了该州法律。该案引起了美国国内科学界和民众的巨大关注，最终法官宣布：处以被告斯科普斯 100 美元罚款，并负担全部审判费用。——译者注

: : :

"二战"后不久，三位在美国的物理学家重新关注了勒马特的观点，现在有了核物理的新理论，还有来自战时的曼哈顿计划及战后氢弹及核反应堆的研究数据。推动这项新工作的是俄罗斯移民乔治·伽莫夫，他在 20 世纪 20 年代最早从弗里德曼那里学到了爱因斯坦的广义相对论。与伽莫夫一起的是罗伯特·赫尔曼（Robert Herman）和拉尔夫·阿尔法（Ralph Alpher），这两位年轻的物理学家在约翰·霍普金斯应用物理实验室工作。该实验室在 1942 年因军事目的而成立，战后的大部分项目都是海军的导弹项目。[9] 阿尔法和赫尔曼在研究军事防御体系的闲暇与伽莫夫一起思考宇宙学的事情。特别是，他们研究计算了勒马特描绘的宇宙从开端到演化的不同阶段。他们的主要议题是：元素从何而来？[10]

1948 年，阿尔法在伽莫夫指导下发表的论文中，初步回答了这个问题，后来被称为"核合成"论。他们计算得出，在宇宙诞生后的最初时刻，环境温度会高得难以想象。高温中的高能光子（光的单个粒子）携带的能量非常大，大到足以炸开粘在一起的粒子（如中子和质子）。也就是说，当光子的能量大于让原子核结合起来的强作用力时，原子核无法形成。然而，当宇宙膨胀时，它会逐渐冷却，就像膨胀的气球里的气体一样。在一个可计算的时刻，大约大爆炸后一秒钟，原子核中的强作用力开始战胜能量已

图 16.2　在这张合成图像中，乔治·伽莫夫的脸从一瓶酒中浮现出来，酒的名字"Ylem"是一个古希腊单词，意为"物质"。伽莫夫和他的同事罗伯特·赫尔曼（左）和拉尔夫·阿尔法（右）用这个词来指代质子和中子的原始混合物，他们认为，在大爆炸后不久，可能就形成了较重的原子核。（图片来源：公共领域。）

经较低的光子，中子和质子开始结合在一起，形成稳定的氦核。当宇宙继续膨胀和冷却时，更多的核粒子聚集在原有的轻原子核上，形成更重的元素。

伽莫夫从未对自己的发现感到怀疑，他用诙谐的语言大肆宣扬自己团队的工作。他给爱因斯坦写了一封关于"创生日"的信，并将他的一本畅销书命名为《宇宙的创生》（*The Creation of the Universe*，1952），与《圣经》中的术语相呼应。1951 年年末，教

皇庇护十二世在教皇科学院发表演讲时提到，伽莫夫的演化模型
与《圣经》描述之间的契合给他留下了深刻的印象，教皇宣称物
理学家的工作完全没有违背教义的新思想。它与《创世记》开头
的话没有什么不同，"在一开始，上帝创造了天与地……"对伽莫
夫来说，教皇的评价好得不敢相信。三个月后，他向《物理评论》
(Physical Review) 提交了一篇简短的文章，其中大量引用了教皇
的演讲，并将其作为他最新研究的权威论证。[11]

剑桥大学的英国天体物理学家弗雷德·霍伊尔 (Fred Hoyle)
并不觉得伽莫夫的恶作剧有趣。霍伊尔在 20 世纪 30 年代从爱丁
顿那里学到了广义相对论，他也在战后开始尝试搭建起一个连贯
的宇宙学模型。霍伊尔与奥地利移民赫曼·邦迪 (Hermann Bondi)
以及托马斯·戈尔德 (Thomas Gold) 都是在纳粹占领奥地利时离
开欧洲大陆来到剑桥学习的，他们提出了与伽莫夫完全不同的一
套宇宙学。霍伊尔他们认为，迄今为止的天文观测都可以用稳态
宇宙来解释。在他们的模型中，宇宙没有时间的开端，它一直在
膨胀。他们推断，如果在整个太空中可以不断创造出微量的新物
质，也许新生物质的数量低到无法观测，那么一个永恒的、不断
膨胀的宇宙就是可能的。如果有微量的新物质不断地生成，那么
宇宙在任何一个特定的时刻看起来都是一样的，不会有进化。与
宇宙"核合成"论不同，霍伊尔和他的团队假设所有的原子核都
是在恒星内部生成的，然后在恒星超新星爆炸时散播在整个宇
宙中。[12]

不仅仅是物理学的问题。霍伊尔还坚决反对任何神学对物理学的侵犯。霍伊尔1950年的畅销书《宇宙的本质》(*The Nature of The Universe*) 根据英国广播公司 (British Broadcasting Company) 的一系列广播讲座改编而成,他在书中指责说,宇宙有时间开端的想法本身就是一种"原始人的世界观",原始人才会求助于神来解释一个物理现象。颇具讽刺意味的是,正是霍伊尔在广播讲座节目中创造了"大爆炸"这个词,来讽刺伽莫夫的观点是多么幼稚和让人不屑一顾。此外,霍伊尔和他的同事们坚持认为,按照大爆炸理论这种推导方式的话,物理学家没有理由相信像广义相对论这样的物理定律,也没有理由相信核力。霍伊尔指责,那些固执地坚持荒谬计算方法的大爆炸倡导者,其行为就像天主教徒和当时的共产党人一样,都是盲目的信徒,容易受到教条的影响。[13] 尽管当时大多数物理学家并没有过多的与伽莫夫和霍伊尔交流,但大众新闻媒体却报道了这场辩论。《纽约时报》曾经戏谑地提到物理学家和宇宙学家,认为他们完全不相干,但在第二次世界大战后很少再这样认为了。在雷达和原子弹等战时项目之后,物理学填补了一个特殊的、史无前例的文化空缺,尤其是在美国。事实上,"大爆炸"一词在20世纪40年代到50年代在各大报纸上出现的绝大多数情况,都不是指伽莫夫的宇宙论,而是指核武器试验和与苏联的"冷战"边缘政策。

也许,宇宙学、核物理学和地缘政治学的交织解释了战后研究的另一个奇怪现象,在美国,尽管战后几十年来福音派基督徒一直强烈反对达尔文的进化论，但除了少数的《圣经》文学主义者以外，很少有人站出来挑战物理学家关于大爆炸的观点。当时战后最有影响力的"创造科学"①倡导者，根据《创世纪》和整个宇宙的年龄，认定地球的年龄大约为 6000 年。例如，约翰·惠特科姆（John Whitcomb）和亨利·莫里斯（Henry Morris）的畅销书《创世纪洪水》（*The Genesis Flood*，1961）认为，《圣经》中关于造物的描述适用于太阳系，但不适用于整个宇宙。[14] 尽管他们激烈地反对标准地质学和生物学，但这些著名的神创论者还是乐于不违背物理学和宇宙学。在核时代，物理学似乎是神圣不可侵犯的。

:::

大爆炸的科学共识在 19 世纪 60 年代中期形成。一些新的天体物理学观测结果有力地支持了这一模型，却很少有支持稳态宇宙模型的证据出现。[15] 然而，大爆炸理论还没有来得及庆祝胜利，一系列全新的挑战就出现了。一些物理学家开始怀疑，在宇宙学中，爱因斯坦广义相对论框架是否也只是一种近似。如果宇宙并不是由弯曲时空中运动的粒子构成，而是由微小一维的"弦"构成的呢？在这种情况下，广义相对论将不会比牛顿的物理学更基本：每一种都是有用的近似，在某一尺度下应用是精确的，但不是真正的自然法则。如果真是这样，那么物理学家就需要重新思

---

①创造科学的理念是试图找出上帝创造世界的证据。——译者注

考相对论宇宙学。

在 20 世纪 80 年代中期登上舞台中心之前的几年里，弦论一直处在边缘地带。在后来被称为"第一次弦革命"的一系列迅速发展中，两组数学物理学家证明弦理论可能提供一种使引力与量子理论相容的方法，同时，还可以避免许多前期理论中遇到的陷阱。长期以来，这种大统一理论一直是理论物理学的圣杯：只有用量子理论解释引力，才有可能使引力与其他已知的力相结合，因为这些力都已经从量子力学中找到了解释。弦论的拥护者开始宣称它是"终极理论"。[16]

今天，弦论无疑处于高能物理学的前沿。自 21 世纪初以来，物理学家们每年都会发表至少两千篇相关文章。然而，正如物理学家李·斯莫林（Lee Smolin）所说，弦论有点儿像一种"一揽子交易"：它结合了所有物理学家想要的和不想要的各种特性（斯莫林将这种情况比作购买新车：你喜欢某一辆车的天窗，但却并不想要奇特的立体声系统）。首先，弦论需要一种在已知粒子之间至今未探测到的对称性，称为"超对称性"。更麻烦的是，这个理论只能用十维时空来表述，而不是我们理解的四维时空：一个时间维度，加上三个空间维度。最糟糕的是，弦论产生了大量可能的宇宙，而（到目前为止）无法在它们之间作出选择。实际上，它已经从"万物理论"（theory of everything）变成了"随意理论"（theory of anything）。[17]

自 20 世纪 80 年代以来，物理学家认识到，他们需要的不仅仅是对我们的宇宙应该如何运行作出具体预测的理论知识，还需要知道额外的维度是如何排列的：它们是像吸管一样卷曲起来还是扭曲成更复杂的形状？弦论的每一个定量预测都依赖于额外维度的（未知）拓扑结构。20 年来，物理学家们认为这种不同的拓扑结构可能有几十万种之多。[18] 2000 年，主要弦论专家约瑟夫·波钦斯基（Joseph Polchinski）（加州大学圣巴巴拉分校）和拉斐尔·布索（Raphael Bousso）（时任斯坦福大学的博士后研究员，现任伯克利分校教授）认识到，那些被称为"通量"和"膜"的结构可以包裹这些额外的维度。在弦论中，似乎有超过 10^{500} 种不同的低能态，其中任何一种都可能描述我们可观测的宇宙。我们宇宙中每一个可观测的量，从基本粒子的质量，到基本力的强度，再到我们宇宙的膨胀率等，都将取决于我们的宇宙恰好处于这些状态中的其中一个。然而迄今为止，弦论学家还没有找到任何方法来解释为什么我们的宇宙在如此众多的可能性中是如此特殊的存在。[19]

停下来思考一下这个数字：10^{500}。我们在日常经验中完全不可能遇到这样的数字，甚至与科学家通常遇到的数字也完全不一样。事实上，用熟悉的量很难产生这么大的数字。让我们来看一下：亿万富翁杰夫·贝佐斯的个人财富（如果互联网账户可信的话）与我个人财富的之比只有区区 10^5，无论这个数字是令人鼓舞还是令人沮丧，都远未接近 10^{500}。[20] 宇宙中的数字同样无法接近这个数。我们可观测宇宙的年龄约为 10^{17} 秒；银河系的质量与单个电子的质量之比大约为 10^{71}。

让人觉得离奇的是，现在的大爆炸标准模型是基于暴胀假说，它假设宇宙大爆炸早期有一个短暂的指数级膨胀爆发，而一些弦论专家说，这 10^{500} 个状态不仅仅是理论上的可能性，而是实际存在的，存在着若干的"宇宙岛"。这一论点的核心是，一旦暴胀开始，它将永远持续下去（这被称为"永恒的膨胀"）。在任何特定的时空区域，指数膨胀会在一段时间后停止，就像放射性物质的半衰期一样。但在大多数膨胀模型中，这个半衰期比空间体积翻倍所需的时间要长。因此，宇宙空间膨胀的区域总是大于停止膨胀的区域。在这种观点下，我们生活在一个更大的"多元宇宙"中的一个"口袋"或"宇宙岛"中。[21] 斯坦福大学的李奥纳特·苏士侃（Leonard Susskind）和塔夫茨大学的亚历克斯·维伦金（Alex Vilenkin）等理论家认为，通过将弦论可能的"状态"与永恒膨胀的宇宙结合起来，问题不是一个独特状态的宇宙如何从如此众多的宇宙中挑选出来，而是为什么我们碰巧生活在这个独特的宇宙岛之中。

为了解决这个问题，苏士侃、维伦金和越来越多的物理学家转向了一种叫作"人择原理"的理论。我们可观测宇宙中的各种自然常数，包括各种粒子质量、各种力的强度、膨胀率等，都依赖于我们的宇宙所处的弦的状态，而这些都必须恰巧落在相当狭窄的范围内，才能让我们所知的生命存在。据计算，在绝大多数其他的弦状态中，这些常数将不会有利于创造生命（至少不是像我们这样的生命），因此，在绝大多数其他宇宙岛中不会出现生命。由于这 10^{500} 个状态产生了无限多的宇宙岛，那么用纯粹的随机性就足以"解释"为什么我们碰巧在我们的宇宙中进化到当前的样子了。[22]

其实，这一论点可以说相当古老。早在 17 世纪，法国的丰特奈尔（Bernard Le Bovier de Fontenelle）和英国的牛顿等自然哲学家就认为，为了维持我们所知的生命，必须对自然界的常数进行微调。丰特奈尔、牛顿和他们同时代的人认为这种微调是上帝存在的科学证据。也就是说，他们把这种微调的论据作为设计的证据：一个无所不能的设计师设计了我们的宇宙。丰特奈尔和牛顿是"智能设计"俱乐部的特许会员。[23]

关于最后一点，苏士侃可不赞同丰特奈尔和牛顿的观点。他在他的畅销书《宇宙图景：弦论与智能设计的幻觉》（*The Cosmic Landscape: String Theory and the Illusion of Intelligent Design*，2005）题词中嘲讽了当今智能设计论的拥护者。他引用了著名的启蒙运动物理学家皮埃尔·西蒙·拉普拉斯（Pierre-Simon de Laplace）对拿破仑皇帝的回答。拿破仑曾问拉普拉斯上帝在哪儿体现出了他设计世界的思想。拉普拉斯回答："陛下，我不需要这个假设。"苏士侃和他的同事把这个问题交给了达尔文：只要有足够的时间和可能性，自然会进化成它应有的样子。[24]

就像爱因斯坦不承认弗里德曼的计算，或者霍伊尔谴责伽莫夫的创造论一样，很多物理学家对这种戏剧性的观点也提出了反对意见。一些直言不讳的批评者，包括诺贝尔奖获得者，如圣巴巴拉的大卫·格罗斯（David Gross），将弦论亚稳态和人择原理描述为"危险的""令人失望的"，是一种物理学航向的"偏离"。[25]

: : :

当物理学家争论弦论和它的无数状态时，许多非科学家得出了他们自己的结论。其中一个来自《圣经》文学主义的复兴。然而，与早期的神创论不同，当今的倡导者不再把物理学和宇宙学排除在他们的视野范围之外。例如，尽管有大量高精度的天体物理观测证实了宇宙大爆炸的一个核心信条——我们可观测的宇宙有 138 亿年的历史，但新的大胆的创世论者们还是否定这种时间尺度。"我（在大爆炸时）不在那里，他们（宇宙学家）也不在那里。"会计师兼堪萨斯州教育委员会成员约翰·培根（John W. Bacon）说。培根向记者们解释了为什么他和大多数董事会成员一起投票决定将大爆炸和生物进化从全州高中课程中删除："正因为这一点。"他接着说，"他们可能把随便什么解释都变成一种理论，并且开始教学。"在 20 世纪 90 年代末，其他几个州也陆续效仿堪萨斯州的做法。[26] 自那开始，教学禁令便随着选举而不断起伏，问题一直没得到解决。

如果这些教育委员会成员需要什么其他证据，他们可以找到几十个"权威"版本来佐证。像罗素·汉弗莱斯（Russell Humphrey）的书《星光与时间：解决年轻宇宙中遥远的星光之谜》（*Starlight*

and Time: Solving the Puzzle of Distant Starlight in a Young Universe,
1994）以及最近的出版物，包括唐纳德·德杨（Donald De Young）
的《几千，而不是几十亿》（*Thousands, Not Billions*，2005）、亚利
克斯·威廉姆斯（Alex Williams）和约翰·哈莱特（John Hartnett）
的《拆除大爆炸》（*Dismantling the Big Bang*，2005），杰森·里斯
尔（Jason Lisle）的《天文学的回归：来自天堂的创造论》（*Taking
Astronomy Back: The Heavens Declare Creation*，2006）。上述中有
几位作者还拥有物理学的高等学位，并得到了强大的机构网络的
支持，包括"创世答案"局，其拥有自己的论文发表系统以及教
育博物馆。就像苏士侃的弦论亚稳态中的宇宙岛，今天的神创论
者们也已经创造出了一个平行宇宙。他们大多数的书在亚马逊上
都有不错的销售排名，至少比我的强一个数量级。

除了《圣经》文学主义，第二个反应来自"智能设计"的信
徒。虽然大多数关于智能设计的新闻报道都集中在课堂上关于生
物进化的争论，比如 2005 年宾夕法尼亚州多佛的案例，但有时也
会出现在其他令人惊讶的地方。例如，2006 年 2 月，美国宇航局
一位名叫乔治·德伊奇（George Deutsch）的年轻公共事务官员的
事件被曝光，他发出了一份内部备忘录，规定在美国宇航局的所
有文件中，特别是教育网站中，"大爆炸"一词应加上"理论"一
词，"因为大爆炸并不是被证明的事实，而只是观点。"德伊奇的备
忘录很快被泄露给了《纽约时报》，"这不该是美国宇航局的立场，
作出这样一个贬低神创论的声明"。尽管这位 24 岁的官员在备忘

录泄露后不久就被迫离开了美国宇航局，但这段插曲清楚地说明了当今"智能设计"倡导者的地位。[27]

: : :

为什么关于进化论的争论在生物学和宇宙学中表现得如此不同？回顾过去一个世纪，有两个尤为突出的特征：教育学和声望。

与生物进化不同，大爆炸从来都不是高中课程的核心部分。现代宇宙学使用了广义相对论等工具，更不用说弦论了，它远远超出了中学的教学范围。因此，尽管达尔文的自然选择长期以来是课堂上进化论批评者的主要目标，但直到今天，宇宙进化还不存在这个问题。

最近关于教授大爆炸的禁令可能不会打乱太多教学计划，但它们仍然具有象征意义。它标志着相对声望的巨大变化。物理学家从第二次世界大战中脱颖而出，成为民族英雄。当他们的战时工作已经完成，他们发现自己已经不再像以前那样备受关注。而生物学家到20世纪中叶都一直没有享受到物理学的待遇。一些历史学家认为，美国生物学家当时想要利用1959年达尔文《物种起源》发表一百周年的机会来重塑其文化重要性，但可能适得其反，这反而唤醒了反进化造物主们这个沉睡的巨人。[28]

自"冷战"结束以来，物理学家的文化地位发生了巨大变化。20世纪90年代初，无限的资金支持戛然而止。1993年10月，美国国会取消了SSC，明确表明了这一变化。在接下来的10年里，联邦政府对基础物理的资助逐年下滑。物理学不断变化的命运，加上物理学家自身的内部分歧和最近工作的明显不确定性，为一致的批评和反击打开了大门。

今天的宇宙学批评家已经学会利用互联网的力量，我在偶然间发现了这个蓬勃发展的网络。几年前，我和同事艾伦·古斯（Alan Guth）在《科学》杂志发表了一篇关于最近宇宙学研究的综述，我们的文章发表大约一周后，艾伦收到一封电子邮件，告诉他反驳我们的文章就刊登在一个神创论的网站上。出于好奇，我查看了这个网站，一个页面链接到很多其他页面。我浏览了几十个链接，找到了对大爆炸、膨胀宇宙学、弦论和其他类似观点的"反驳"。这些网站样式精美，制作精良。点击一下就可以到达"圣经科学协会""创世科学协会""科学创世中心""创世研究所""创世答案局"的主页，以及几十个类似的组织。我发现很多网站急于出售最近的反大爆炸书籍以及 DVD，如《特权星球》（*The Privileged Planet*），提供超自然智能设计的"证据"。有链接显示可供下载的详细的"另类"科学课程计划，并提供到大峡谷等地的特殊自然旅游，与受过专门训练的神创论导游一起观光。

我点击回到原来的网站。在广泛引用了我们文章的内容后，评论者改变了立场："我们必须用他们自己的话告诉你们这些麻省理工学院的书呆子在说什么（'书呆子'至少暗示了敏锐的观察力）。古斯和凯泽需要开上卡车，从他们麻省理工学院的象牙塔中走出来，进入现实世界，在那里他们将看到树木、山脉、天气、生态，以及我们这个特有星球上用偶然无法解释的可见事物，现实会让他们看清这个世界的设计、目的和意图。"[29]

嗯，我安慰自己：至少还有人在读《科学》。至于我们关于宇宙进化的那部分，我们只能继续开卡车……

17. 不再孤独的心

　　1991 年，科学作家丹尼斯·奥弗拜（Dennis Overbye）出版了一本很棒的书《宇宙的寂寞心灵》（*Lonely Hearts of the Cosmos*）。这本书记录了 20 世纪后半叶宇宙学研究的发展历程。奥弗拜书中的宇宙学家是孤独的，原因在于他们继承了一直以来天文学家的工作习惯，整夜独自坐在没有暖气的穹顶下，眯着眼睛，通过巨大的望远镜去捕捉遥远星系发出的微弱光亮，虽然现在不比以往，已经是科学合作共同体和数据自动收集作为主流的时代。即便如此，在奥弗拜看来，宇宙学领域一直处于物理学家的边缘地带，笼罩在高能粒子物理庞大的加速器和飞涨预算的浮华之下，得不到重视。[1]

　　奥弗拜发现宇宙学家们正努力搞清楚我们宇宙的基本尺度和特征。但通常，宇宙学家的结论会有上下一倍左右的误差，也就是说，计算出的量都有大约 100% 的不确定性。星系之间是以某一速度远离，还是以其两倍的速度远离？答案会直接影响到我们计算可观测宇宙的年龄。（还记得在我研究生学习的第一天，导师开

心地和我们说，在这儿"1=10"是成立的，因为大多数被关注的
量都具有极大的不确定性。然而，要注意的是，这个等式不能再
平方了。）难怪宇宙学家们长期都有一颗孤独的心：与物理学其他
领域在精确性方面取得的成就相比，宇宙学过大的不确定性显得
太业余。要知道，对于氢原子的能级，理论和实验结果早就相互
验证到了小数点后 11 位。

由于宇宙膨胀的真实速度很难计算，宇宙学家们经常只能就
更低一级的问题表达意见（或争论不休），比如宇宙膨胀是在加速
还是减速。这个问题的答案取决于宇宙中到底有多少物质。在一
个稠密的宇宙中，有足够多的物质和能量，宇宙最终应该停止膨
胀，重新坍缩，走向大爆炸的逆过程。而一个物质和能量不够多
的宇宙则可能会永远膨胀下去，变得越来越稀薄。为了在两者之
间取得平衡，爱因斯坦方程提出了一个解决方案：宇宙空间中物
质有一个临界量，符合这个临界量的话，宇宙的膨胀率会慢慢降
低，宇宙逐渐进入一种温和的、安静的过程。也就是说，整个宇
宙的命运取决于当下的膨胀率和单位空间中物质的量。然而，尽
管宇宙学家尽了最大的努力，也已经足够聪明，但他们至今仍然
无法在足够的精度上获得宇宙的基本参数。

这种情况开始迅速改变，奥弗拜的《孤独的心》（*Lonely
Hearts*）出版不久后，事实上，我们这些宇宙学家已经感觉不那么
孤独了。这个领域开始进入了蓬勃发展期，吸引着各路人才，出
现了优秀的新仪器，令人兴奋的新想法也开始层出不穷。现在已

经有人说，精确宇宙学的"黄金时代"来临了。1992 年秋天，就在奥弗拜的书出版的一年之后，我和我的大学物理系的同学们与几位教授一起用香槟庆祝"宇宙背景探测者"（Cosmic Background Explorer，简称 COBE）卫星数据的首次发布。这颗大气层外的轨道卫星测量到了宇宙大爆炸后释放的第一束光：在我们的宇宙诞生约 38 万年后，从电子开始与质子结合形成稳定的中性氢原子的那一刻起，光子开始在宇宙中自由运动（在那一刻之前，环境温度过高，不允许形成稳定的氢）。宇宙学家从这些光子分布的细微起伏中，可以计算出，今天外层空间的平均温度仅比绝对零度高出 2.725 度，温度在整个宇宙中相当一致，误差仅有约十万分之一。[2]

第二年，太空行走的宇航员修复了哈勃太空望远镜，为进一步不受地球大气层干扰的天文研究铺平了道路。两个独立的小组使用修复的哈勃望远镜（以及几台大型地面望远镜）研究超新星（巨大恒星坍缩后产生的灾难性爆炸）。他们的数据于 1998 年首次公布，数据表明了一个令人震惊的结论：我们的宇宙膨胀速度正在加快。宇宙不仅在变大，它变大的速度正越来越快。为了使这些强有力的观测结果与爱因斯坦的相对论相一致，宇宙学家被迫引入了被称为"暗能量"的不可见空间能量，虽然我们对其属性还一无所知，但它拉伸空间的倾向压倒了物质相互之间的引力倾向。5 年后，威尔金森微波各向异性探测器（Wilkinson Microwave Anisotropy Probe，简称 WMAP）开始投入使用，这是一颗分辨率比 COBE 上的仪器高出 30 倍的人造卫星。通过测量与超新星研究完全不同的现象，WMAP 的数据证实了宇宙中近 3/4 的能量由暗能量组成。2013 年，另一个小组利用欧洲航天局的普朗克（Planck）卫星给出了类似的结论，它的分辨率更高，可观测量有 2 倍甚至 10 倍误差的日子一去不复返了。当年奥弗拜笔下的英雄们一直难以回答的问题在今天的宇宙学家来说，都能像掌握了乘法表的小学生一样快速而自信地说出答案。星系之间相互远离的速度有多快？每秒每百万秒差距 67.4 千米，误差正负 0.7%。我们可观测的宇宙有多古老？ 138 亿年，正负 0.2%。宇宙中拥有多少物质和能量？如果包含诡异的暗能量，总的质能量正好处在边缘的临界值，正负误差 0.2%。如今，要绘制某些量的数据时，宇宙学家必须将他们的误差条放大 400 倍，不确定性才可以看得出来。[3]

与奥弗拜把天文学家的超凡人格和奋斗作为宇宙学的主角不同，今天的天体物理学家更经常关注两个截然不同的主角：白矮星，它是在超新星爆炸后留下来的星体之一； 以及宇宙微波背景辐射，即 WMAP 和普朗克卫星测量到的大爆炸后首次形成稳定氢元素时留下的残余辉光。自 21 世纪以来，几条独立的研究路线，依靠不同的仪器，专注于不同的物理过程，逐步得出了一致的答案。在人类历史上，科学家们第一次确定了宇宙的年龄。[4]

此时，宇宙学家们现在面临着经验数据过于丰富的窘境。我们沉浸在巨量的数据集中，面对这些数以亿计的数据集条目，专家

图 17.1　利用欧洲航天局普朗克卫星上的仪器（右下角），宇宙学家已经能够研究宇宙微波背景辐射中光子之间能量分布的细微模式，宇宙微波背景辐射是宇宙在大爆炸后 38 万年时释放出辉光的残余。（图片来源：D. Ducros，欧洲航天局和普朗克合作组织拥有版权。）

们给予了极高的关注。然而，宇宙学家并不像会计人员那样擅长处理数据。事实上，当今的宇宙学家提出的许多理论看起来愈发怪异，甚至荒谬，又甚至有一些马戏团的味道。如果你碰巧听一场宇宙学的讲座，也许你会听到诸如"额外维度""膜世界碰撞""可变状态方程范例"和"多重宇宙"之类的短语，其中多重宇宙指的是一个无限大的时空，具有一整套物理定律，我们整个可观测的宇宙在其中可能只是一个小气泡。

当然，无论是"怪诞"还是"荒谬"都不意味着"不正确"。文艺复兴以来，宇宙学的征途一直是以一个又一个看似荒谬的假设为里程碑，从哥白尼日心说的断言（尽管我们自己感觉不到）

到爱因斯坦关于空间和时间在物质存在时弯曲的推论。在时代的旁观者眼中，一直的感觉就是：怪诞。时至今日，宇宙学家的集体想象力表现得更像是一种不可压缩的流体：如果想将其限制在狭小的空间内（比如通过对可观测量的精确测量），那它就会向其他方向喷射。

　　罗杰·彭罗斯（Roger Penrose）最近的作品是最新宇宙想象力的象征。彭罗斯提出，虽然宇宙学家已经确定了我们可观测宇宙的确切年龄，但自大爆炸以来所有微波背景辐射和纷繁复杂星辰，都只是我们宇宙更长（也许是无限）历史中的一个小插曲。换言之，彭罗斯没有承认138亿年前的大爆炸是一切的开始，而是提出了一个更雄心勃勃的模型，他称为"共形循环宇宙学"（Conformal Cyclic Cosmology，简称CCC）。彭罗斯认为，我们的宇宙在大爆炸之前已经经历了无数的相同过程，大爆炸开始了我们当前的时代，它很可能会像弗里德里希·尼采的"永恒重现"那样永远循环下去。[5]

　　彭罗斯模型中的第一个C"共形"（Conformal）是关键。共形地图最常见的例子是墨卡托地球投影（Mercator projection of Earth）。虽然地球表面大致呈球形，但人们可以在平面二维地图上描绘地球的特征。在文艺复兴时期，佛兰芒的制图师赫拉尔杜斯·墨卡托（Gerardus Mercator）意识到，他可以在平面地图上拉伸和扭曲地球陆地的图像，这样他就可以保留拥挤港口附近航道之间的角度——这是航海者最需要的信息。结果是一张地图保留了地图上所有物体的角度和形状，但大大扭曲了总长度的比例。因此，南极洲在墨卡托投影上显得很大，甚至使亚欧大陆都相形见绌，其实，在地球的实际表面上，亚欧大陆的面积几乎是南极洲的 4 倍。荷兰艺术家 M. C. 埃舍尔（Maurits Cornelis Escher）就在许多著名的版画中使用了共形投影的方法（共形地图在越高纬度误差越明显）。

长期以来，物理学家和数学家一直利用共形投影来简化问题，或者从新的视角来看待一个奇异解。这项技术在研究爱因斯坦的广义相对论时，作为时空变形的手段，被证明非常强大有效。早在 20 世纪 60 年代中期，彭罗斯就出色地通过共形技术对数学物理作出了里程碑式的贡献 [事实上，正如历史学家亚伦·赖特（Aaron Wright）所记载的，彭罗斯的灵感正是部分来自埃舍尔有趣的版画，这些版画激发了年轻彭罗斯的想象力]。[6] 他正是使用了现在被称为 "彭罗斯图解" 的强大图形方法，最终证明黑洞必然会导致时空的不连续，或者说出现 "奇点"。在奇点处，即使是光线也没有任何路径，能够超越其有限的边界。彭罗斯用共性投影证明了奇点的出现不是某个坐标系的产物，也不局限于简洁而高度对称的情形中。

彭罗斯之后将这种共形技术加以扩展，把它们运用到了整个宇宙的图景中。他认为，一个宇宙时期的结束，很可能是另一个宇宙时期的开始，它们可能是一个连着一个形成一个无限往复的永恒之塔。在宇宙大爆炸的早期，宇宙是炽热而稠密的，此时

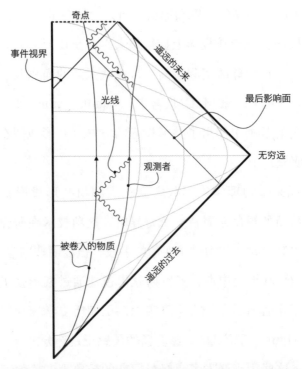

图 17.2 由数学物理学家罗杰·彭罗斯发明的一种共形图,可用于研究时空的因果结构。时间是垂直的,光沿着 45 度的对角线传播。在这个图中,物质坍缩成了一个黑洞。一个遥远的观测者可以向正在被卷入的物质发送光信号,并且只在物质越过"事件视界"之前接收到响应;在那里,正如彭罗斯用图表阐明的那样,物质最终将到达黑洞内部的"奇点",即时空本身出现不连续性。(图片来源:Viktor T. Toth。)

的宇宙温度极高,粒子甚至还没有质量的属性,它们以接近光速的速度移动,就像光子一样。这一点很关键,因为无质量粒子没有内在的参考尺度,没有长度或时间的基准单位,无法用任何尺子或时钟去测量。对光子来说,时间根本没有流动。所以,一个充满无质量粒子的时空,将无法测量它的内在长度或时间。这时,使用共形几何学,不去测量其时空尺度,而去测量其形状和角度,变得更有意义。

值得注意的是，宇宙太初时期的结束可能会以大致相同的方式呈现。当宇宙在经过一段时期的膨胀后逐渐冷却时，环境温度会逐渐下降，对于观察者来说，就如我们所知的那样，电子、质子、氢原子之类的有质量粒子，以及其他所有粒子，都会逐渐失去能量；将不再像无质量光子那样快速移动。在这种情况下，空间和时间的尺度将会出现；共形几何的对称性将被破坏。世界逐渐变成我们今天的样子。尘埃开始聚集在一起，在引力坍缩的推动下，点燃了我们称为恒星的核反应堆。最终，数十亿颗恒星会在引力作用下相互吸引，形成紧密相连的星系。众多星系再形成星系团和超星系团。我们精密的仪器所能观测到的所有宇宙现象都逐渐展现出来，星系开始彼此分离。

对于几百亿年后的宇宙，我们从超新星测量、WMAP 和普朗克卫星数据中知道，宇宙几乎肯定不会自我毁灭，它应该永远继续膨胀下去。所以彭罗斯说：10^{100} 年后，宇宙会是什么样子，这个时间尺度比我们可观测宇宙的当前年龄（不超过 10^{10} 年）大得多得多。到了那时，几乎所有物质都可能已经落入黑洞。事实上，众多黑洞也很可能相互吞噬，形成了超大质量的最终黑洞。但事实证明，即使是黑洞，也不是完全黑的。彭罗斯的同事斯蒂芬·霍金在 20 世纪 70 年代中期证明，黑洞应该具有辐射，虽然很缓慢，但肯定会以低能辐射的形式释放能量 ["霍金辐射"与彭罗斯早期关于奇点的证明是一致的。奇点处并不会产生辐射，辐射产生在黑洞的边界之外，被称为"事件视界"（event horizon）的地方］。因为有霍金辐射，使得黑洞的行为就像宇宙垃圾压实机：吞下大量的碎片，然后以无质量光子的形式缓慢地将能量渗透回宇宙。这个过程可能会一直持续下去，直到黑洞本身蒸发殆尽。直到最后会剩下什么？一个几乎空无一物的宇宙，只包含无质量的粒子——一个时空，那时，再次只能由共形几何去测量。

作为共形几何学大师，彭罗斯认为，起点和终点的几何相似性好得无法忽视。通过更多神奇的数学计算，他向人们展示，如何能够容易地识别出一个宇宙遥远的未来和下一个宇宙的开端的区别，依次类推。听起来很奇怪？是的。然而，彭罗斯大胆的假设，其实是符合今天的宇宙学相当保守的标准的。首先，他的模型只需要四维时空：一维时间和三维空间，符合爱因斯坦的物理学的时空观，更不用说牛顿的了。不需要像弦论那样需要更多额外的空间维度，根据弦论，这些额外的维度是存在的，与我们熟悉的长宽高三维不同，它们不知什么原因隐藏了起来，也许是这些维度卷曲到了亚微观的尺度；还有一种可能，就是我们处在宇宙的三维"膜"中，在这种膜上，引力恰好表现为只有三个维度。[7]

彭罗斯的模型中历代宇宙之间的界限不会出现现在量子引力理论中所提到的各种奇异现象。通常宇宙学家认为大爆炸时出现的超高温、高能状态会激发时空本身的量子涨落。不仅整个时空会像爱因斯坦的广义相对论预测的那样产生巨大的波动，而且空间和时间的每一个微小单位都可能像海森伯的测不准原理所规定的以某种方式扰动。这听起来令人兴奋，但也指出了一个令人不安的事实，至今还没有一个可行的量子引力理论来描述这种量子时空扰动的行为。"不必担心！"彭罗斯说，在他的模型中，宇宙所有时期的时空都是完全平滑且表现良好的，完全符合爱因斯坦方程的描述，不需要奇怪和未知的量子引力的参与，无论是弦论还是其他理论。

像其他的宇宙学理论一样，彭罗斯的理论也同样建立在今天的大量的观测数据中，来自对 WMAP 和普朗克卫星捕捉到的宇宙微波背景辐射的深入观察。彭罗斯认为，如果他的模型是正确的，那么我们就应该能够看穿不同宇宙期的界限。在宇宙大爆炸开始之前，前一个宇宙时代的细微特征可能会在宇宙辐射中留下印记。这些印记将在空间中以同心圆的形式出现（他的模型中另一个环形特征）。例如，一个巨大的黑洞可能在上一个宇宙期晚期经历了多次碰撞，每一次撞击都会产生巨大的能量，能量向外呈圆形扩展。这些能量涟漪将越过边界进入我们的宇宙，最终在宇宙微波背景辐射中，以异常均匀的同心圆的微小波动出现。

在合作者的帮助下，彭罗斯在 2010 年 11 月发表了一篇论文，论文中指出，对 WMAP 数据的仔细分析确实发现了这样的同心圆族。在 12 月的 3 天中，三个独立的小组根据彭罗斯的假说重新分析了数据，但并没有发现其统计结果。根据通常所理解的辐射波动，这些圆圈如果真的存在的话，也很可能是偶然出现的。彭罗斯和他的同事很快作出了回应，对一些统计数据提出了疑问。这种反复论战之间的周期从几周、几天缩短到几个小时。与超大质量黑洞碰撞一样，彭罗斯的论文也引发了爆炸性的论战。[8]

彭罗斯的同心圆似乎还未经受住专家们的推敲，这也许预示着宇宙学的一场革命，但更有可能像许多不明飞行物爱好者的麦田怪圈一样被遗忘。即便如此，一个更大的结论似乎很清楚。彭罗斯热情地将他优雅的想法与最先进的观测数据联系起来，印证了当今宇宙学的发展状态。对高精度观测数据的数据分析，仅凭优雅的数学或美学好像已经不够了。数兆字节的精确数据和复杂的统计算法已经成为治愈孤独心灵的良药——一个关于宇宙的"Match 网站"[①]。

---

① Match.com 是美国知名的婚恋网站。——译者注

18. 从引力波中学到的

10 亿年前，在一个非常遥远的星系中，有两个黑洞在绕着彼此越来越近的轨道运行，它们受相互之间引力的牵引，最终碰撞并迅速融为一体。这一碰撞释放出巨大的能量，相当于太阳质量的 3 倍（如果把所有太阳的质量都转换成原始能量来计算的话）。黑洞的合并碰撞扰动了周围的时空，并以光速向各个方向发射着引力波。

2015 年 9 月 14 日清晨，当这些引力波抵达地球时，曾经的宇宙咆哮已经减弱为难以察觉的呜咽声。即便如此，路易斯安那州和华盛顿州的激光干涉引力波天文台（LIGO）的两台长达数千米的巨型机器探测到了这一波动的清晰痕迹。[1] 2017 年 10 月，LIGO 的三位长期领导人雷纳·韦斯（Rainer Weiss）、巴里·巴里什（Barry Barish）、基普·索恩（Kip Thorne）因此获得了诺贝尔物理学奖。

从人类天文学的角度来看，这一发现是一个漫长的过程。爱因斯坦在一个世纪前就预言了引力波，这是广义相对论的推导结果，他优雅的引力理论的核心就是时空扭曲。然而，爱因斯坦在第一次计算引力波时，受到了一些计算错误的影响（对爱因斯坦来说并不少见）。不久，他和世界上许多专家陷入了一场长达数十年的争论，争论这样的波是否真的存在。物理学家们一直在纠结：引力波一定存在？它们可能存在？它们不可能存在？不，它们必须存在。他们转来转去。丹尼尔·肯尼菲克（Daniel Kennefick）在他那本引人入胜的书《传播，以思想的速度》（*Traveling at the Speed of Thought*，2007）中描述了他们充满激情的争论，这看上去就像搞笑的桥段："我付不起房租！不！你必须付！"[2]

在20世纪60年代，物理学家才逐渐达成共识。他们一致认为，根据广义相对论方程，引力波确实应该存在，而且引力波应该具有其特性。但仍然存在许多疑问，广义相对论本身是对自然界的正确描述吗？引力波能被探测到吗？

探测的问题与理论的争论一样晦涩难懂。1967年，物理学家约瑟夫·韦伯（Joseph Weber）发表了一项实验的结果，他声称在实验中检测到了这种波，而且检测到的强度比预期的要大上千倍。人们迅速陷入兴奋、困惑和质疑，韦伯的宣告迅速吸引了很多物理学家对在当时还并非主流的引力波问题的关注。然而，经过仔细的研究，大多数专家得出结论，韦伯的早期结果和一系列后续实验，实际上并没有检测到引力波。[3]

那时，雷纳·韦斯正在麻省理工学院教授一门本科生课程。

他让学生设计一种不同于韦伯的探测引力波的新方法作为课程的
家庭作业（有时家庭作业也可能会影响诺贝尔奖）。结果他们提
出了物理学家们能否通过仔细观察激光干涉图来探测引力波的方
案。引力波在空间中传播时，会以特定的方式拉伸和挤压空间的
某个区域。这样的扰动会改变激光束的传播，当两束激光到达探
测器时，它们的相位会发生变化，这种差异会产生可测量的干涉
图样 [莫斯科的两位物理学家，迈克尔·格尔斯坦斯坦恩（Michaeil
Gerstenstein）和普斯托沃伊特（V. I. Pustovoit）在 1962 年提出了
类似的想法，尽管他们的工作在当时的西方鲜为人知]。[4]

　　至少可以说，这个想法是非常大胆的。为了用干涉法探测预
期振幅的引力波，物理学家需要能够分辨出千亿分之一的距离偏
移。这就像测量地球和太阳之间的距离，要精确到一个原子大小
的范围，同时，还要控制好所有可能掩盖这一微小振动信号的噪
声信号。难怪基普·索恩在他 1973 年的教科书《引力》一书的思
考习题中让学生思考：干涉测量作为探测引力波的方法真有希望
吗？然而，在进一步研究了这个想法之后，索恩成为干涉测量方
法最坚定的拥护者之一。[5]

　　说服索恩也许并不难，但说服国家资金投入和学生加入要困
难得多。1972 年，韦斯向国家科学基金会提交的第一份提案被否
决了，1974 年，一项后续的提案仅获得了有限的可行性研究资金。
他在吸引学生和说服同事们相信这个项目的价值上遇到了相当大
的困难。正如他在 1976 年向国家科学基金会的一位项目官员所

报告的那样："引力研究虽然看上去引人入胜，但实际上太困难了，不仅是普通学生，就是许多物理教授也都认为其无利可图。往往得到的反馈即使不是完全反对，也至少是充满质疑。"两年后，韦斯在另一份资助提案中指出，他"慢慢地认识到，这类研究也许最好由无所事事（可能是愚蠢的）的教员和有赌博倾向的年轻博士后去做"。[6]

　　随着预期项目规模的不断扩大，干涉仪臂将长达数千米，加上最先进的光学和电子技术设备，预算和人力也随之增加。社会学家哈里·柯林斯（Harry Collins）用他的书《引力的阴影：寻找引力波》（*Gravity's Shadow: The Search for Gravitational Waves*, 2004）记录了这一全过程。这个项目的规模和复杂性不断扩大，需要的政治智慧不亚于物理学上的知识。科学界很快就开始担心LIGO会从其他项目中吸去太多的资源，因此，激光天文台的提案让许多天文学家和物理学家陷入了激辩。与此同时，该项目的负责人发现设备的激光束不仅仅会受到引力波的干扰，探测器的建造也会因为某位国会议员的政治竞争和秘密交易而遭受巨大影响。[7]

　　值得庆幸的是，国家科学基金会在1992年批准了LIGO的资助；这是该基金会资助的最大的科学项目。更加有利的是，次年国会取消了对SSC等大型科学项目的资助，该项目的预计资金约为LIGO的40倍。苏联解体后，物理学家们迅速认识到，冷战时期投资科学研究的逻辑已经在国会中不复存在。从20世纪90年

图 18.1 麻省理工学院LIGO项目成员祝贺雷纳·韦斯（中）获得 2017 年诺贝尔物理学奖。图中（从左到右）还有斯拉沃米尔·格拉斯 （Slawomir Grass）、迈克尔·祖克（Michael Zucker）、丽莎·巴索 蒂（Lisa Barsotti）、马修·埃文斯（Matthew Evans）、大卫·修梅克 （David Shoemaker）和萨尔瓦托·维塔莱（Salvatore Vitale）。（图片 来源：乔纳森·威格斯（Jonathan Wiggs）摄，载于《波士顿环球报》， 由盖蒂图片社提供。）

代中期，预算政策进入了一个全新的时代。近 20 多年来，长期项目的规划不得不与政府频繁的关闭威胁作斗争，这加剧了以短期项目为重点的预算环境，短期项目可以保证立竿见影。很难想象像 LIGO 这样的项目能在今天被国会批准。

其实，LIGO 项目显示了长期项目的一些优势。这个项目促进了研究和教学的紧密结合，远远超出了普通的教研结合。几名本科生和几十名研究生是 LIGO 团队历史性的文章的合著者，该文章详细介绍了 2016 年 2 月人类首次直接探测到引力波的事件。自 1992 年以来，该项目仅在美国就产生了来自 30 多个州 100 所大学的近 600 篇博士论文。这些研究的范围远远超出了物理学，其中甚至包括了工程和软件设计方面的开创性研究。[8]

LIGO 项目显示了当我们把目光投入到一个远远超出预算周期或年度报告的视野中时，我们能完成什么。通过建造精密灵敏的机器，培养聪明、敬业的年轻科学家和工程师队伍，我们能够以前所未有的精度检验我们对自然的基本认识。这一探索也许会带来更多日常生活技术的改进，比如 GPS 导航系统就得益于对爱因斯坦广义相对论的检验，尽管这样的副作用很难预测。[9]但只要有耐心、毅力和运气，我们就可以看到大自然最深刻的一面。

19. 告别霍金

斯蒂芬·霍金曾经高兴地提醒观众，他的生日是伽利略逝世300周年纪念日那一天，即1942年1月8日。想象一下，如果霍金知道自己将于2018年3月14日，阿尔伯特·爱因斯坦诞辰139周年那天去世，他会有什么样的反应。

我并不认识霍金教授，但当我听到他去世的消息时，感觉就像失去了一位亲密的同事。像我们这一代的许多人一样，我成长在一个霍金与爱因斯坦同样令人熟悉的世界里。在我的整个职业生涯中，我一直在以这样或那样的方式受到他的影响。

霍金的畅销书《时间简史》（*A Brief History of Time*）在1988年首次出版，当时我还在上高中，但我已经深深爱上现代物理学相关的科普书籍。那时，类似的高品质的平装科普书正蓬勃发展，无论是关于奇妙的量子理论还是讲述爱因斯坦的广义相对论，都精彩纷呈。然而霍金的书是最与众不同的，它引起了巨大的轰动，甚至被那些从来不关注物理学的人追捧。霍金的书，既是一本经典著作，又是一本引人入胜并可以轻松阅读的书。[1]

《时间简史》一书的主要内容其实也是霍金主要的研究领域。他早期工作主要集中在爱因斯坦的广义相对论上，这部作品也让爱因斯坦的相对论重回聚光灯下。书中描述到，空间和时间就像蹦床一样摇摆不定，它们在物质和能量的存在下弯曲或膨胀，这种时空弯曲反过来又产生了我们所感受到的与引力相关的所有现象。根据这一理论，万有引力并不是一个物体与另一个物体相互作用的结果，而是几何学的结果，这正如牛顿方程所描述的那样。

霍金的第一个重要贡献，便来自他在剑桥大学的博士论文。那就是将爱因斯坦的思想推到极致。如果某一物质在空间中非常致密，使得空间的弯曲达到极致时，会是什么情景呢？霍金和他的同事罗杰·彭罗斯一起，提出了根据爱因斯坦方程的解肯定会产生"奇点"，这像是一个宇宙中的终端。彭罗斯－霍金奇点定理（正如人们所知道的那样）表明，在极端条件下，在黑洞的中心，或者是我们宇宙的开端处，时空可能都有一个类似的终端，这就像谢尔·希尔弗斯坦（Shel Silverstein）著名的《人行道的尽头》（*sidewalk*）的宇宙版。

奇点定理适用于"经典"时空，也就是说，是不考虑量子特性的时空描述，但量子理论是现代物理学的另一大支柱，不可忽视。在霍金 1966 年完成博士学位后不久，他就开始攻克描述宇宙中宏观时空的相对论与原子尺度上决定物质属性的量子理论之间棘手的融合问题。他在 20 世纪 70 年代中期偶然发现了他最著名的理论。当时他正在研究一对量子粒子在黑洞附近的场景。霍金

图 19.1　斯蒂芬·霍金（Stephen Hawking），拍摄于 1979 年 10 月，他在与退行性疾病 ALS 作斗争的过程中，对空间、时间和物质的基本性质提出了一系列重大见解。（图片来源：桑蒂·维萨利摄，由盖蒂图片社提供。）

觉得，这对粒子如果一个掉进去，而另一个逃走了，那么在距离黑洞远处的观察者看来，就好像它发出了辐射，而这正是原来认为不可能的。换句话说，也许"黑洞并不那么黑"，正如他在《时间简史》中所说：它们会发光。更重要的是，这种辐射会影响黑洞的命运。在天文时间尺度上，黑洞可能会不断蒸发，它巨大的质量会逐渐释放殆尽。

这一使人费解的想法，令人惊叹而又兴奋，并不断催生出更多其他的想法，其中一些至今仍在挑战着物理学界。理论物理学家仍在努力研究，被扔进黑洞的信息是否真的会永远消失。它无论如何都找不回来了吗？最后只能剩下毫无意义的辐射吗？任何这样的过程都违反了量子理论，因为量子理论有一条神圣的规则，即信息既不能被创造也不能被破坏。很多物理学家已经把霍金的理论推向各个角度，试图找出量子理论和相对论能够结合的缺失的一环。同时，霍金关于大爆炸以及宇宙是否从最初的奇点中出现的问题，也正是我本人研究的相关问题。

《时间简史续编》中详细介绍了霍金对黑洞和大爆炸的研究以及他个人生活的故事。1963 年，当他 21 岁时，他被诊断出患有退行性疾病肌萎缩侧索硬化症（ALS），当时，他刚刚开始他的博士研究，医生预计他只能再活几年。在书中，霍金写道，他决心努力活下去，因为他结识了简·王尔德（Jane Wilde）（1965 年与她结婚），不久他们的三个孩子就陆续出生了。毫无疑问，霍金顽强与病魔作斗争的故事，就如同他对扭曲时空的巧妙描述一样，吸引和激励着他无数的粉丝。

因为《时间简史》的巨大成功，霍金迅速举世闻名。虽然他的肌萎缩侧索硬化症越来越严重，但他仍然保持着惊人的旅行计划。1999 年 10 月，当我在哈佛大学完成博士学位的时候，他恰巧来哈佛大学访问三周。为了能买到他演讲的票，买票的队伍一眼望不到头 [我上次在剑桥看到这么长的队伍还是在《星球大战：幽灵的威胁》(Star Wars: the Phantom Menace) 首映那天]。讲课间隙，霍金与众多随行人员待在物理大楼我的办公室隔壁。我自己从来不敢接近这位著名的教授，但我记得，我和他的几个助手坐在一起，一直待到深夜。人类学家海伦·米亚蕾特（Hélène Mialet）在她的著作《霍金体》（*Hawking Incorporated*）中对霍金进行了引人入胜的研究，她认为霍金成了一种现象，在霍金附近，人们会沉浸在一个人与机器交互扩展的活动网络中。[2]

差不多 20 年后，我和霍金有了一次不一般的相遇。2017 年春天，我和几位同事邀请他与我们一起撰写一篇文章，文章是向广大读者阐述一些宇宙学家对宇宙最早时期发展和检验的重要见解。起初，霍金反对某一段的措辞。我的同事认识他几十年了，他们觉得他永远不会改变主意，他可是出了名的固执。因此，我建议对文章进行适当的编辑加工，以融合他的观点。第二天，当我收到了他的助手发来的邮件，说霍金喜欢这篇文章的修改，并将作为合著者签名时，我永远忘不了当时激动的心情。霍金有能力贡献出关于宇宙经久不衰的真理，而我也至少能搞定几个不合时宜的从句。[3]

霍金之所以能坚持活下去源于他的顽强，他拒绝向自己的疾病低头，比最初医生的诊断多活了半个世纪。但是我觉得，更重要的一面是他的幽默感，甚至是表演能力。我常常想，当他失去了对面部大部分肌肉的控制时，他的表情却变成了一种顽皮的笑容，这是多么恰当啊。在某种程度上，他似乎对媒体了如指掌，爱因斯坦也是如此。例如，在 2016 年 1 月，霍金在一部关于量子国际象棋的短片中，与喜剧演员保罗·陆德（Paul Rudd）搭档演出。[4]

　　我从未见过霍金，但他的思想和关于他本人的几个想法，一直伴随着我的大部分生活。愿他作为榜样能够继续激励年轻人克服困难，提出更多关于宇宙的大问题。

致　谢

　　本书的大部分章节最初都是以随笔的形式写成的，而那些早期的版本得益于优秀而又耐心的编辑。我要感谢萨拉·阿卜杜拉（Sara Abdulla）（《自然》，第 5 章）；托马斯·琼斯（Thomas Jones）（《伦敦书评》，第 12 章）；安吉拉·冯·德利佩（Angela von der Lippe）（W.W. 诺顿，第 9 章）；安东尼·利德盖特（Anthony Lydgate）（《纽约客》，第 4 章和第 19 章）；保罗·迈尔斯克（Paul Myerscough）（《伦敦书评》，第 1、6、10—12、14、17 章）；乔治·穆瑟（George Musser）（《科学美国人》，第 13 章）；科里·鲍威尔（Corey Powell）（《永世》，第 3 章）；杰米·瑞尔森（Jamie Ryerson）（《纽约时报》，第 18 章）；戴夫·施耐德（Dave Schneider）（《科学美国人》，第 16 章）；迈克尔·西格尔（Michael Segal）（《鹦鹉螺》，第二章）。我想从上面非凡的名单中选出在《伦敦书评》上对保罗·迈尔斯克的话作为特别感谢。本书超过 1/3 的内容最初是作为短篇出现在《伦敦书评》中的。我仍然记得 10 年前把我的第一篇文章寄给保罗时的紧张心情（第一篇文章正好是这本书的开篇，关于狄拉克的）。像保罗这样的专业人士肯定一眼就能看出我的问题。然而，他耐心而仔细地审阅了整篇文章，并帮我做了恰当的删改，然后鼓励我继续投稿。这些年来，我为《伦敦书评》写了十几篇文章，其中大部分都是和保罗合作的。我在研究生院逐渐学会了如何做好一名物理学家和历史学家。在某种程度上，我已经具备了作为一个作家的自信（以及技巧），这一切要归功于保罗默默地支持和指导。

我非常荣幸地与杰出的同事们探讨了这些章节中描述的几个主题，包括卡尔·布兰斯（Carl Brans）、安吉拉·克雷格（Angela Creager）、乔·福尔马乔（Joe Formaggio）、彼得·加利森（Peter Galison）、迈克尔·戈丁（Michael Gordin）、艾伦·古斯（Alan Guth）、斯蒂芬·赫尔姆雷希（Stefan Helmreich）、约翰·克里格（John Krige）、帕特里克·麦克雷（Patrick McCray）、埃里卡·米拉姆（Erika Milam）、希瑟·帕克森（Heather Paxson）、李·斯莫林（Lee Smolin）、马特·斯坦利（Matt Stanley）、阿尔玛·斯坦加特（Alma Steingart）、基普·索恩（Kip Thorne）、雷纳·韦斯（Rainer Weiss）、亚历克斯·韦勒斯坦（Alex Wellerstein）、本杰明·威尔逊（Benjamin Wilson）、徐一鸿（Anthony Zee）和安东·蔡林格（Anton Zeilinger）。几位朋友、同事和学生分享了对个别章节的评论，很感谢马克·艾迪诺夫（Marc Aidinoff）、玛丽·伯克斯（Marie Burks）、迈克尔·戈丁（Michael Gordin）、吉之菊池（Yoshiyuki Kikuchi）、罗伯特·科勒（Robert Kohler）、

罗伯托·拉利（Roberto Lalli）、伯纳德·莱特曼（Bernard Lightman）、凯瑟琳·奥列斯科（Kathryn Olesko）、阿尔玛·斯坦加特（Alma Steingart）、布鲁诺·斯特拉瑟（Bruno Strasser）、玛加·维切多（Marga Vicedo）、本杰明·威尔逊（Benjamin Wilson），以及亚伦·赖特（Aaron Wright）的反馈。

K. C. 科尔（K. C. Cole）、内尔·弗洛登伯格（Nell Freudenberger）、艾伦·莱特曼（Alan Lightman）、朱莉娅·门泽尔（Julia Menzel）和大卫·辛格曼（David Singerman）阅读并评论了完整的手稿。本书从他们每一个深思熟虑的建议中汲取了精华。我特别感谢艾伦·莱特曼与我分享了他对自己写作过程的见解，包括他为什么一本散文集比其各部分的总和更重要的看法。多年来，我一直很欣赏艾伦的作品，他的非小说散文和小说都是如此，所以当他欣然同意为本书撰写序言时，我深感荣幸。内尔·弗洛登伯格对早期草稿的详细建议，真的给了本书以生命，也帮助我相信出版本书可能真的有价值。她作为小说家，拥有令人羡慕的才华，她提出的建议，让我感觉像是讲故事技巧的大师课。大卫·辛格曼事无巨细，但又能突出重点，他对倒数第二遍稿的细致评论是对内尔早期反馈的完美补充。

我也很感谢芝加哥大学出版社的卡伦·梅里坎格斯（Karen Merikangas），她从一开始就对本书充满热情，并不断对手稿给予了许多建设性的建议；还有我的文学经纪人马克斯·布罗克曼（Max Brockman），感谢他不吝的鼓励和合理的建议。

　　最后，我要感谢我亲爱的妻子特蕾西·格里森（Tracy Gleason），还有我们的孩子埃勒里和托比（Ellery and Toby）。她们充当了传声筒和有用的评论家，从不回避告诉我一个隐喻可能已经误入歧途，或者对某一物理概念的类比得不恰当。几年前，当我参加一个会议时，特蕾西发短信问我：霍金辐射是什么？托比在吃饭的时候刚问她这个问题。我暗自窃笑，想知道怎样才能最好地在一个短信中把要点说清楚，我在会议晚宴上偷偷摸摸地把要点写给了她。但在我发送之前，特蕾西又来短信说："没关系。"她写道，"托比已经向我解释了。"当时托比才 10 岁，我不知道她是怎么解释的，当我结束旅行回到家的时候，她们把这件事都忘记了。重要的是，托比一直很好奇，很想多学点东西。埃勒里明确表示过她对晚餐话题的偏好。当她 8 岁的时候，她给我的生日礼物是一件印有她的恳求的表情的 T 恤，标题是"别再说希格斯玻色子了！"但我知道她抗议更多的是量子纠缠测试的那对双胞胎。希望埃勒里和托比看完本书后会有更多的问题。把我全部的爱献给她们。

注 释

前 言

1. Handwritten notes between Paul Ehrenfest and Albert Einstein, 25 October 1927, document 10-168, in Einstein Archives, Princeton University.

2. I quoted the exchange in David Kaiser, "Bringing the Human Actors Back on Stage: The Personal Context of the Einstein-Bohr Debate," *British Journal for the History of Science* 27 (1994): 129–52, on 146n89. Also quoted in Jagdish Mehra, *The Solvay Conferences on Physics: Aspects of the Development of Physics since 1911* (Boston: Reidel, 1975), xvii, 152; and Martin Klein, "Einstein and the Development of Quantum Physics," in *Albert Einstein: A Centenary Volume*, ed. Anthony French (Cambridge, MA: Harvard University Press, 1979), 133–51, on 136.

3. See esp. Guido Bacciagaluppi and Antony Valentini, *Quantum Theory at the Crossroads: Reconsidering the 1927 Solvay Conference* (New York: Cambridge University Press, 2009).

4. Thomas Levenson, *Einstein in Berlin* (New York: Bantam, 2003), chap. 23; Paul Ehrenfest to Niels Bohr, May 1931 ("I have completely lost contact"), as quoted in Abraham Pais, *Niels Bohr's Times: In Physics, Philosophy, and Polity* (New York: Oxford University Press, 1991), 409. On Ehrenfest's unsent letter ("enervated and torn," "weary of life") and suicide, see Pais, *Niels Bohr's Times*, 409–11.

5. Dominik Rauch et al., "Cosmic Bell Test Using Random Measurement Settings from High-Redshift Quasars," *Physical Review Letters* 121 (2018): 080403, https://arxiv.org/abs/1808.05966.

6. Samuel Goudsmit to Leonard Schiff, 2 September 1966, in LIS box 4, folder "Physical Review" ("neighborhood grocery store"); and Simon Pasternack to Leonard Schiff, 22 January 1958 and 27 June 1963, in LIS box 4, folder "Physical Review." See also Goudsmit's annual reports in *Physical Review* Annual Reports, Editorial Office of the American Physical Society, Ridge, NY.

7. Samuel Goudsmit, 1956 Annual Report ("too bulky"), 1955 Annual Report ("'six feet' of *The Physical Review*"), and 1963 Annual Report ("psychological limit"), in *Physical Review* Annual Reports. See also W. B. Mann to Samuel Goudsmit, 11 January 1955 ("destruction of the printed word"), in box 79, folder 14, Henry A. Barton Papers, collection number AR20, Niels Bohr Library, American Institute of Physics, College Park, MD; Leonard Loeb to Goudsmit, 19 April 1955, in RTB box 19, folder "Loeb, Leonard Benedict"; and Thomas Lauritsen to Goudsmit, 27 December 1968, in box 12, folder 14, Thomas Lauritsen Papers, California Institute of Technology Archives, Pasadena. See also David Kaiser, "Booms, Busts, and the World of Ideas: Enrollment Pressures and the Challenge of Specialization," *Osiris* 27 (2012): 276–302, on 291–93.

1. 量子的性格

A version of this essay originally appeared in *London Review of Books* 31 (26 February 2009): 21–22.

1. Abraham Pais, *Niels Bohr's Times: In Physics, Philosophy, and Polity* (New York: Oxford University Press, 1991); David Cassidy, *Uncertainty: The Life and Science of Werner Heisenberg* (San Francisco: W. H. Freeman, 1991); Mary Jo Nye, "Aristocratic Culture and the Pursuit of Science: The de Broglies in Modern France," *Isis* 88 (1997): 397–421; Walter Moore, *Schrödinger: Life and Thought* (New York: Cambridge University Press, 1989); Alexander Dorozynski, *The Man They Wouldn't Let Die* (London: Secker and Warburg, 1966); Charles Enz, *No Time to Be Brief: A Scientific Biography of Wolfgang Pauli* (New York: Oxford University Press, 2002); and Nancy Thorndike Greenspan, *The End of the Certain World: The Life and Science of Max Born* (New York: Basic, 2005).

2. On the development of quantum theory, see esp. Max Jammer, *The Conceptual Development of Quantum Mechanics* (New York: McGraw-Hill, 1966); Olivier Darrigol, *From c-Numbers to q-Numbers: The Classical Analogy in the History of Quantum Theory* (Berkeley: University of California Press, 1992); and Mara Beller, *Quantum Dialogue: The Making of a Revolution* (Chicago: University of Chicago

Press, 1999). On collections of letters, see, e.g., Thomas Kuhn, John Heilbron, Paul Forman, and Lini Allen, *Sources for History of Quantum Physics* (Philadelphia: American Philosophical Society, 1967); K. Przibram, ed., *Letters on Wave Mechanics*, trans. Martin Klein (New York: Philosophical Library, 1967); Albert Einstein, Max Born, and Hedwig Born, *The Born-Einstein Letters* (New York: Macmillan, 1971); Diana K. Buchwald et al., eds., *The Collected Papers of Albert Einstein* (Princeton: Princeton University Press, 1987–); and Wolfgang Pauli, *Wissenschaftlicher Briefwechsel*, ed. Karl von Meyenn, 4 vols. (New York: Springer, 1979–99). On the impact of the Solvay conferences in particular, see esp. Richard Staley, *Einstein's Generation: The Origins of the Relativity Revolution* (Chicago: University of Chicago Press, 2009), chap. 10; and Guido Bacciagaluppi and Antony Valentini, *Quantum Theory at the Crossroads: Reconsidering the 1927 Solvay Conference* (New York: Cambridge University Press, 2009).

3. Graham Farmelo, *The Strangest Man: The Hidden Life of Paul Dirac* (New York: Faber and Faber, 2009). See also Helge Kragh, *Dirac: A Scientific Biography* (New York: Cambridge University Press, 1990). Most biographical details about Dirac in this essay may be found in Farmelo's biography.

4. Ralph Fowler to P. A. M. Dirac, September 1925, as quoted in Farmelo, *Strangest Man*, 83.

5. Werner Heisenberg, "Quantum-Theoretical Re-interpretation of Kinematic and Mechanical Relations," in *Sources of Quantum Mechanics*, ed. B. L. van der Waerden (New York: Dover, 1968), 261–76, on 261. Originally published as "Über quantentheoretische Umdeutung kinematischer und mechanischer Beziehungen," *Zeitschrift für Physik* 33 (1925): 879–93.

6. Quoted in Arthur I. Miller, *Imagery in Scientific Thought* (Boston: Birkhäuser, 1984), 143.

7. Tatsumi Aoyama, Toichiro Kinoshita, and Makiko Nio, "Revised and Improved Value of the QED Tenth-Order Electron Anomalous Magnetic Moment," *Physical Review D* 97 (2018): 036001, https://arxiv.org/abs/1712.06060.

8. Paul Dirac, *The Principles of Quantum Mechanics* (1930), 4th ed. (New York: Oxford University Press, 1982).

9. See, e.g., Kai Bird and Martin Sherwin, *American Prometheus: The Triumph and Tragedy of J. Robert Oppenheimer* (New York: Knopf, 2005); Patricia McMillan, *The Ruin of J. Robert Oppenheimer and the Birth of the Modern Arms Race* (New York: Penguin, 2005); and Richard Polenberg, ed., *In the Matter of J. Robert Oppenheimer: The Secu-*

rity Clearance Hearing (Ithaca, NY: Cornell University Press, 2001). See also Jessica Wang, *American Science in an Age of Anxiety: Scientists, Anticommunism, and the Cold War* (Chapel Hill: University of North Carolina Press, 1999); and David Kaiser, "The Atomic Secret in Red Hands? American Suspicions of Theoretical Physicists during the Early Cold War," *Representations* 90 (Spring 2005): 28–60.

10. In addition to Farmelo, *Strangest Man*, see also Peter Galison, "The Suppressed Drawing: Paul Dirac's Hidden Geometry," *Representations* 72 (Autumn 2000): 145–66.

11. Farmelo, *Strangest Man*, 89.

12. Joshua Wolf Shenk, "Lincoln's Great Depression," *Atlantic*, October 2005; and Frank Manuel, *A Portrait of Isaac Newton* (Cambridge, MA: Harvard University Press, 1968).

13. Farmelo, *Strangest Man*, 425.

14. See, e.g., Ian Hacking, "Making Up People," *London Review of Books* 28 (17 August 2006): 23–26; and Ian Hacking, *Mad Travellers: Reflections on the Reality of Transient Illnesses* (Charlottesville: University Press of Virginia, 1998).

15. See, e.g., Jerome Wakefield, "DSM-5: An Overview of Changes and Controversies," *Clinical Social Work Journal* 41, no. 2 (June 2013): 139–54.

2. 既活又死——上帝不做选择

A version of this essay originally appeared in *Nautilus*, 13 October 2016.

1. See, e.g., the examples analyzed in Robert Crease and Alfred Goldhaber, *The Quantum Moment* (New York: W. W. Norton, 2014), chap. 10.

2. David E. Rowe and Robert Schulmann, eds., *Einstein on Politics* (Princeton: Princeton University Press, 2007); Jimena Canales, *The Physicist and the Philosopher: Einstein, Bergson, and the Debate That Changed Our Understanding of Time* (Princeton: Princeton University Press, 2015), chap. 9; and Walter Moore, *Schrödinger: Life and Thought* (New York: Cambridge University Press, 1989), 249.

3. Albrecht Folsing, *Albert Einstein*, trans. Ewald Osers (New York: Viking Penguin, 1997), chap. 35; and Thomas Levenson, *Einstein in Berlin* (New York: Bantam, 2003), 412–21.

4. Schrödinger to Einstein, 12 August 1933, as quoted in Moore, *Schrödinger*, 275 (see also 267–77).

5. Einstein's letters with Schrödinger are housed in Hebrew Uni-

versity, Jerusalem, and copies are available in the Seeley G. Mudd Manuscript Library at Princeton University. The most cogent analysis of their 1935 exchange remains Arthur Fine, *The Shaky Game: Einstein, Realism, and the Quantum Theory* (Chicago: University of Chicago Press, 1986), chap. 5. I also discuss some of these letters in David Kaiser, "Bringing the Human Actors Back on Stage: The Personal Context of the Einstein-Bohr Debate," *British Journal for the History of Science* 27 (1994): 129–52.

6. Albert Einstein, Boris Podolsky, and Nathan Rosen, "Can Quantum-Mechanical Description of Physical Reality Be Considered Complete?," *Physical Review* 47 (1935): 777–80.

7. Schrödinger to Einstein, 7 June 1935, and Einstein to Schrödinger, 17 June 1935, as quoted and translated in Fine, *Shaky Game*, 66, 68.

8. Einstein to Schrödinger, 19 June 1935, as quoted and translated in Fine, *Shaky Game*, 69.

9. Einstein to Schrödinger, 8 August 1935, as quoted and translated in Fine, *Shaky Game*, 78.

10. Albert Einstein to Paul Ehrenfest, 14 April 1933 ("firmly convinced"), reprinted in Rowe and Schulmann, *Einstein on Politics*, 276; Einstein's remarks on 3 October 1933 in Royal Albert Hall ("lightning flashes"), reprinted in *Einstein on Politics*, 278–81; Einstein to Stephen S. Wise, 6 June 1933 ("secretly re-arming"), reprinted in *Einstein on Politics*, 287–88; on renouncing pacifism, see *Einstein on Politics*, 282–87.

11. Schrödinger to Einstein, 19 August 1935, and Einstein to Schrödinger, 4 September 1935, as quoted and translated in Fine, *Shaky Game*, 82–84.

12. Erwin Schrödinger, "Die gegenwärtige Situation in der Quantenmechanik," *Die Naturwissenschaften* 23 (1935): 807–12, 823–28, 844–49, on 807. An English translation of Schrödinger's essay is available in John Trimmer, "The Present Situation in Quantum Mechanics: A Translation of Schrödinger's 'Cat Paradox' Paper," *Proceedings of the American Philosophical Society* 124 (1980): 323–38.

13. Fine, *Shaky Game*, 80. See also "Dr. Arnold Berliner and *Die Naturwissenschaften*," *Nature* 136 (1935): 506.

14. Schrödinger's diary, July 1933 ("I have already learnt enough"), as quoted in Moore, *Schrödinger*, 272; Max Laue to Fritz London, June 1934, as quoted in Moore, *Schrödinger*, 295; Schrödinger's BBC address from May 1935 ("gallows and stake"), as quoted in Moore, *Schrödinger*, 301–2.

15. Schrödinger to Bohr, 13 October 1935, as quoted in Moore, *Schrödinger*, 313.

16. P. P. Ewald and Max Born, "Dr. Arnold Berliner," *Nature* 150 (1942): 284–85.

17. J. A. Formaggio, D. I. Kaiser, M. M. Murskyj, and T. E. Weiss, "Violation of the Leggett-Garg Inequality in Neutrino Oscillations," *Physical Review Letters* 117 (2016): 050402, http://arxiv.org/abs/1602 .00041.

3. 中微子的 "味道"

A version of this essay originally appeared in *Aeon*, 20 July 2017.

1. See, e.g., Frank Close, *Neutrino* (New York: Oxford University Press, 2010); and Joao Magueijo, *A Brilliant Darkness: The Extraordinary Life and Mysterious Disappearance of Ettore Majorana, the Troubled Genius of the Nuclear Age* (New York: Basic, 2009).

2. Laura Fermi, *Atoms in the Family: My Life with Enrico Fermi* (Chicago: University of Chicago Press, 1954), chaps. 14, 17–19; and Gino Segrè and Betinna Hoerlin, *The Pope of Physics: Enrico Fermi and the Birth of the Atomic Age* (New York: Holt, 2016), chaps. 18–20, 25–27.

3. See esp. Catherine Westfall, Lillian Hoddeson, Paul Henriksen, and Roger Meade, *Critical Assembly: A Technical History of Los Alamos during the Oppenheimer Years, 1943–45* (New York: Cambridge University Press, 1992); and Michael Gordin, *Five Days in August: How World War II Became a Nuclear War* (Princeton: Princeton University Press, 2007).

4. Frederick Reines, "The Neutrino: From Poltergeist to Particle," Nobel Lecture (1995), in *Nobel Lectures, Physics, 1991–1995*, ed. Gösta Ekspong (Singapore: World Scientific, 1997), 202–21.

5. Reines, "Neutrino," 204–5; and "The Reines-Cowan Experiments: Detecting the Poltergeist," *Los Alamos Science* 25 (1997).

6. Reines, "Neutrino"; and Close, *Neutrino*, chap. 3.

7. Frank Close, *Half-Life: The Divided Life of Bruno Pontecorvo, Physicist or Spy* (New York: Basic, 2015), chaps. 1–4. Most biographical details about Pontecorvo in this essay come from Close's *Half-Life*.

8. Simone Turchetti, *The Pontecorvo Affair: A Cold War Defection and Nuclear Physics* (Chicago: University of Chicago Press, 2012); and Close, *Half-Life*. On nuclear patent disputes, see also Alex Wellerstein, "Patenting the Bomb: Nuclear Weapons, Intellectual Property, and Technological Control," *Isis* 99 (2008): 57–87.

9. On Fuchs's wartime espionage, see Robert Williams, *Klaus*

Fuchs: Atom Spy (Cambridge, MA: Harvard University Press, 1987); and David Kaiser, "The Atomic Secret in Red Hands? American Suspicions of Theoretical Physicists during the Early Cold War," *Representations* 90 (Spring 2005): 28–60.

10. Joint Congressional Committee on Atomic Energy, *Soviet Atomic Espionage* (Washington, DC: Government Printing Office, 1951).

11. Close, *Half-Life*, chap. 15.

12. On the journal translations, see David Kaiser, "The Physics of Spin: Sputnik Politics and American Physicists in the 1950s," *Social Research* 73 (Winter 2006): 1225–52.

13. In addition to Close, *Half-Life*, see also Samoil Bilenky, "Bruno Pontecorvo and Neutrino Oscillations," *Advances in High Energy Physics*, 2013, 873236. In his first work on neutrino oscillations, Pontecorvo hypothesized a superposition between a neutrino and an antineutrino; he later modified his model to describe a superposition of two (or more) neutrino flavors.

14. See, e.g., Kaiser, "Atomic Secret in Red Hands?"; and Jessica Wang, *American Science in an Age of Anxiety: Scientists, Anticommunism, and the Cold War* (Chapel Hill: University of North Carolina Press, 1999).

15. Close, *Half-Life*, chap. 17; and Bilenky, "Bruno Pontecorvo."

16. Johanna Miller, "Physics Nobel Prize Honors the Discovery of Neutrino Flavor Oscillations," *Physics Today* 68 (December 2015): 16; and Emily Conover, "Breakthrough Prize in Fundamental Physics Awarded to Neutrino Experiments," *APS News*, 9 November 2015, https://www.aps.org/publications/apsnews/updates/breakthrough.cfm.

17. J. A. Formaggio, D. I. Kaiser, M. M. Murskyj, and T. E. Weiss, "Violation of the Leggett-Garg Inequality in Neutrino Oscillations," *Physical Review Letters* 117 (2016): 050402, http://arxiv.org/abs/1602.00041.

18. Formaggio et al., "Violation of the Leggett-Garg Inequality in Neutrino Oscillations."

4. 星光为证，爱因斯坦错了

A version of this essay originally appeared in *New Yorker*, 7 February 2017 (online).

1. Albert Einstein to Max Born, 3 March 1947, in *The Born-Einstein Letters, 1916–1955*, ed. Max Born (1971; New York: Macmillan, 2005),

154–55. See also Louisa Gilder, *The Age of Entanglement: When Quantum Physics Was Reborn* (New York: Knopf, 2008).

2. Walter Moore, *Schrödinger: Life and Thought* (New York: Cambridge University Press, 1989).

3. My dessert analogy builds on a similar discussion in Seth Lloyd, *Programming the Universe: A Quantum Computer Scientist Takes on the Cosmos* (New York: Knopf, 2006), 121.

4. Abraham Pais, "Einstein and the Quantum Theory," *Reviews of Modern Physics* 51, no. 4 (December 1979): 863–914, on 907.

5. See esp. Gilder, *Age of Entanglement*; David Kaiser, *How the Hippies Saved Physics: Science, Counterculture, and the Quantum Revival* (New York: W. W. Norton, 2011); Olival Freire, *The Quantum Dissidents: Rebuilding the Foundations of Quantum Mechanics* (New York: Springer, 2014); and Andrew Whitaker, *John Stewart Bell and Twentieth-Century Physics: Vision and Integrity* (New York: Oxford University Press, 2016).

6. See, e.g., Anton Zeilinger, *Dance of the Photons: From Einstein to Quantum Teleportation* (New York: Farrar, Straus, and Giroux, 2010).

7. B. Hensen et al., "Loophole-Free Bell Inequality Violation Using Electron Spins Separated by 1.3 Kilometres," *Nature* 526 (2015): 682–86, https://arxiv.org/abs/1508.05949; M. Giustina et al., "Significant-Loophole-Free Test of Bell's Theorem with Entangled Photons," *Physical Review Letters* 115 (2015): 250401, https://arxiv.org/abs /1511.03190; L. K. Shalm et al., "Strong Loophole-Free Test of Local Realism," *Physical Review Letters* 115 (2015): 250402, https://arxiv.org /abs/1511.03189; W. Rosenfeld et al., "Event-Ready Bell Test Using Entangled Atoms Simultaneously Closing Detection and Locality Loopholes," *Physical Review Letters* 119 (2017): 010402, https://arxiv .org/abs/1611.04604; and M.-H. Li et al., "Test of Local Realism into the Past without Detection and Locality Loopholes," *Physical Review Letters* 121 (2018): 080404, https://arxiv.org/abs/1808.07653.

8. Erwin Schrödinger, "Die gegenwärtige Situation in der Quantenmechanik" (1935), translated in John Trimmer, "The Present Situation in Quantum Mechanics: A Translation of Schrödinger's 'Cat Paradox' Paper," *Proceedings of the American Philosophical Society* 124 (1980): 323–38, on 335.

9. Kaiser, *How the Hippies Saved Physics*.

10. J. Gallicchio, A. Friedman, and D. Kaiser, "Testing Bell's Inequality with Cosmic Photons: Closing the Setting-Independence Loophole," *Physical Review Letters* 112 (2014): 110405, https://arxiv.org /abs/1310.3288.

11. See Zeilinger, *Dance of the Photons*; and Anton Zeilinger, "Light

for the Quantum: Entangled Photons and Their Applications; A Very Personal Perspective," *Physica Scripta* 92 (2017): 072501.

12. T. Scheidl et al., "Violation of Local Realism with Freedom of Choice," *Proceedings of the National Academy of Sciences* 107 (2010): 19708–13, https://arxiv.org/abs/0811.3129.

13. J. Handsteiner et al., "Cosmic Bell Test: Measurement Settings from Milky Way Stars," *Physical Review Letters* 118 (2017): 060401, https://arxiv.org/abs/1611.06985.

14. Handsteiner et al., "Cosmic Bell Test."

15. In each of our experiments, we produced pairs of entangled particles by shining light from a powerful "pump" laser, which had been tuned to emit light of a specific frequency, onto a special piece of material known as a nonlinear crystal. The atomic structure of the crystal is such that when a particle of light (known as a "photon") with a specific frequency enters the crystal, the crystal absorbs the incoming light and emits *pairs* of photons, the sum of whose energy is equal to that carried by the incoming photon. For more details on our experimental setup, see the "supplemental material" available with Handsteiner et al., "Cosmic Bell Test," and with Dominik Rauch et al., "Cosmic Bell Test Using Random Measurement Settings from High-Redshift Quasars," *Physical Review Letters* 121 (2018): 080403, https://arxiv.org/abs/1808.05966.

16. Rauch et al., "Cosmic Bell Test."

5. 从黑板到炸弹

Portions of this essay originally appeared in *Nature* 523 (July 2015): 523–25.

1. See, e.g., Richard Hewlett and Oscar Anderson Jr., *A History of the United States Atomic Energy Commission*, vol. 1, *The New World, 1939–46* (University Park: Pennsylvania State University Press, 1962); Peter Bacon Hales, *Atomic Spaces: Living on the Manhattan Project* (Urbana: University of Illinois Press, 1997); and Henry Guerlac, *Radar in World War II* (1947; New York: American Institute of Physics, 1987).

2. Lincoln Barnett, "J. Robert Oppenheimer," *Life*, 10 October 1949, 120–38, on 121.

3. Joseph Jones, "Can Atomic Energy Be Controlled?," *Harper's*, May 1946, 425–30, on 425 ("dinner party"); and Samuel K. Allison, "The State of Physics, or The Perils of Being Important," *Bulletin of the Atomic Scientists* 6 (January 1950): 2–4, 26–27, on 2–3 ("besieged with requests," "exhibited as lions").

4. On travel to the Shelter Island meeting, see Silvan S. Schweber, *QED and the Men Who Made It: Dyson, Feynman, Schwinger, and Tomonaga* (Princeton: Princeton University Press, 1994), 172–74. On physicists' B-25 flights, see Philip Morse, *In at the Beginnings: A Physicist's Life* (Cambridge, MA: MIT Press, 1977), 247. On correspondence from nonphysicists, see the thick folders of letters in University of California–Berkeley, Department of Physics records, 3:19–21, collection number CU-68, Bancroft Library, University of California–Berkeley; and in Samuel King Allison Papers, 33:3, Special Collections Research Center, University of Chicago Library, Chicago, IL. On the Gallup poll, see Daniel Kevles, *The Physicists: The History of a Scientific Community in Modern America* (1978), 3rd ed. (Cambridge, MA: Harvard University Press, 1995), 391.

5. James B. Conant, "Chemists and the National Defense," *News Edition of the American Chemical Society* 19 (25 November 1941): 1237.

6. On Conant, see esp. James Hershberg, *James B. Conant: Harvard to Hiroshima and the Making of the Nuclear Age* (New York: Knopf, 1993).

7. See David Kaiser, "Shut Up and Calculate!," *Nature* 505 (9 January 2014): 153–55. See also Peter Galison, *Image and Logic: A Material Culture of Microphysics* (Chicago: University of Chicago Press, 1997); and Lillian Hoddeson et al., *Critical Assembly: A Technical History of Los Alamos during the Oppenheimer Years, 1943–1945* (New York: Cambridge University Press, 1993).

8. Henry A. Barton, "A Physicist's War," Bulletin 1 (12 January 1942), in box 11, folder 16, Henry A. Barton Papers, collection number AR20, Niels Bohr Library, American Institute of Physics, College Park, MD.

9. R. J. Havighurst and K. Lark-Horovitz, "The Schools in a Physicist's War," *American Journal of Physics* 11 (April 1943): 103–8, on 103–4 ("New courses in biology"); and Charles K. Morse, "High School Physics and War," *American Journal of Physics* 10 (December 1942): 333–34 ("It is now").

10. Thomas D. Cope et al., "Readjustments of Physics Teaching to the Needs of Wartime," *American Journal of Physics* 10 (October 1942): 266–68.

11. V. R. Cardozier, *Colleges and Universities in World War II* (Westport, CT: Praeger, 1993), 43, 71, 109–11; Donald deB. Beaver and Renee Dumouchel, eds., *A History of Science at Williams* (1995), 2nd ed. (2000), chap. 3, sec. 3, http://www.williams.edu/go/sciencecenter/center/histscipub.html; Karl T. Compton, 1944–45 Annual Report,

in MIT-AR; and John Burchard, *Q.E.D.: M.I.T. in World War II* (New York: Wiley, 1948), chap. 19. See also Deborah Douglas, "MIT and War," in *Becoming MIT: Moments of Decision*, ed. David Kaiser (Cambridge, MA: MIT Press, 2010), 81–102.

12. Henry A. Barton, "A Physicist's War," Bulletin 13 (8 March 1943), in Barton Papers.

13. B. E. Warren, 1942–43 Annual Report, in MIT-AR; unsigned Princeton report from August 1945 in PDP box 1, folder "Report for War Service Bureau"; and Beaver and Dumouchel, *History of Science at Williams*, chap. 3, sec. 3.

14. Richard Rhodes, *The Making of the Atomic Bomb* (New York: Smon and Schuster, 1986).

15. Rebecca Press Schwartz, "The Making of the History of the Atomic Bomb: The Smyth Report and the Historiography of the Manhattan Project" (PhD diss., Princeton University, 2008).

16. Henry DeWolf Smyth, *Atomic Energy for Military Purposes* (Princeton: Princeton University Press, 1946). See also Schwartz, "Making of the History of the Atomic Bomb."

17. Schwartz, "Making of the History of the Atomic Bomb," 67. See also David Kaiser, "The Atomic Secret in Red Hands? American Suspicions of Theoretical Physicists during the Early Cold War," *Representations* 90 (Spring 2005): 28–60.

18. Schwartz, "Making of the History of the Atomic Bomb"; and Michael Gordin, *Five Days in August: How World War II Became a Nuclear War* (Princeton: Princeton University Press, 2007), chap. 7.

19. War Department press release, "State of Washington Site of Community Created by Project" (6 August 1945), in *Manhattan Project: Official History and Documents*, ed. Paul Kesaris, 12 microfilm reels (Washington, DC: University Publications of America, 1977), reel 1, pt. 6.

20. Schwarz, "Making of the History of the Atomic Bomb," chap. 3.

21. US Senate, Special Committee on Atomic Energy, *Essential Information on Atomic Energy* (Washington, DC: Government Printing Office, 1946).

22. Kaiser, "Atomic Secret in Red Hands?" See also Jessica Wang, *American Science in an Age of Anxiety: Scientists, Anticommunism, and the Cold War* (Chapel Hill: University of North Carolina Press, 1999).

23. Hewlett and Anderson, *History of the United States Atomic Energy Commission*, 1:633–34.

24. Emanuel Piore (director of the Physical Sciences Division of the Office of Naval Research), as quoted in Rebecca Lowen, *Cre-*

ating the Cold War University: The Transformation of Stanford (Berkeley: University of California Press, 1997), 106. See also Emanuel Piore, "Investment in Basic Research," Physics Today 1 (November 1948): 6–9.

25. Senator B. B. Hickenlooper to David E. Lilienthal, 30 July 1948, reprinted in Hearings Before the Joint Committee on Atomic Energy, Congress of the United States, Eighty-First Congress, First Session, on Atomic Energy Commission Fellowship Program, May 16, 17, 18, and 23, 1949 (Washington, DC: Government Printing Office, 1949), on 5; Lilienthal's testimony appears on 4. On 1953 Atomic Energy Commission employment statistics, see John Heilbron, "An Historian's Interest in Particle Physics," in Pions to Quarks: Particle Physics in the 1950s, ed. Laurie Brown, Max Dresden, and Lillian Hoddeson (New York: Cambridge University Press, 1989), 47–54, on 51.

26. Paul Forman, "Behind Quantum Electronics: National Security as Basis for Physical Research in the United States, 1940–1960," Historical Studies in the Physical and Biological Sciences 18 (1987): 149–229.

27. On growth rates for PhD conferrals across fields, see David Kaiser, "Cold War Requisitions, Scientific Manpower, and the Production of American Physicists after World War II," Historical Studies in the Physical and Biological Sciences 33 (Fall 2002): 131–59. On broader impacts of the G.I. Bill and shifts within American higher education, see also Stuart W. Leslie, The Cold War and American Science (New York: Columbia University Press, 1993); Roger Geiger, Research and Relevant Knowledge: American Research Universities since World War II (New York: Oxford University Press, 1993); and Louis Menand, The Marketplace of Ideas: Reform and Resistance in the American University (New York: W. W. Norton, 2010).

28. R. C. Gibbs (chair, National Research Council Division of Mathematics and Physical Sciences) to A. G. Shenstone (Princeton physics department chair), 7 August 1950, in PDP box 2, folder "Scientific manpower" ("procedures for utilizing our manpower"); R. C. Gibbs and H. A. Barton, "Proposed Policy Recommendation," three-page memorandum dated 1 August 1950, in the same folder ("very short emergency," "stockpile"); "Supplementary Memorandum for Prospective Graduate Students," mimeographed notice circulated by the University of Rochester physics department (n.d., ca. winter 1951), a copy of which may be found in PDP box 2, folder "Scientific manpower." See also Raymond Birge to R. C. Gibbs, 10 August 1950, in RTB.

29. Henry DeWolf Smyth, "The Stockpiling and Rationing of Scientific Manpower," Physics Today 4 (February 1951), 18–24, on 19; and

the Bureau of Labor Statistics report as quoted in Henry Barton, "AIP 1952 Annual Report," *Physics Today* 6 (May 1952): 4–9, on 6. See also George Harrison, "Testimony on Manpower," *Physics Today* 4 (March 1951): 6–7. On the growth rates of training physicists around the world, see also Catherine Ailes and Francis Rushing, *The Science Race: Training and Utilization of Scientists and Engineers, US and USSR* (New York: Crane Russak, 1982); and Burton R. Clark, ed., *The Research Foundations of Graduate Education: Germany, Britain, France, United States, Japan* (Berkeley: University of California Press, 1993).

30. Kaiser, "Cold War Requisitions."

6. 沸腾的电子

A version of this essay originally appeared in *London Review of Books* 34 (27 September 2012): 17–18.

1. The report, entitled "On the Transmission of Gamma Rays through Shields," and the accompanying table of integrals, both dated 24 June 1947, are available in HAB box 3, folder 15.

2. On Bethe's early training and career, see Silvan S. Schweber, *In the Shadow of the Bomb: Oppenheimer, Bethe, and the Moral Responsibility of the Scientist* (Princeton: Princeton University Press, 2000); and Silvan S. Schweber, *Nuclear Forces: The Making of the Physicist Hans Bethe* (Cambridge, MA: Harvard University Press, 2012). On Bethe's consulting for the nuclear industry after the war, see esp. Benjamin Wilson, "Hans Bethe, Nuclear Model," in *Strange Stability: Models of Compromise in the Age of Nuclear Weapons* (Cambridge, MA: Harvard University Press, forthcoming). My thanks to Wilson for sharing a draft of his chapter prior to publication.

3. Lorraine Daston, "Enlightenment Calculations," *Critical Inquiry* 21 (1993): 182–202.

4. David Bierens de Haan, *Nouvelles tables d'intégrales définies* (Leiden: P. Engels, 1867).

5. Bush quoted in David Kaiser, *Drawing Theories Apart: The Dispersion of Feynman Diagrams in Postwar Physics* (Chicago: University of Chicago Press, 2005), 84. On the founding of the Institute, see 83–87.

6. Freeman Dyson reported Bethe's advice ("not to expect") in Dyson to his parents, 2 June 1948, quoted in Kaiser, *Drawing Theories Apart*, 86.

7. George Dyson, *Turing's Cathedral: The Origins of the Digital Universe* (New York: Pantheon, 2012). See also Peter Galison, *Image and Logic: A Material Culture of Microphysics* (Chicago: University of Chi-

cago Press, 1997), chap. 8. Most biographical details about John von Neumann presented here come from Dyson's book.

8. David Alan Grier, *When Computers Were Human* (Princeton: Princeton University Press, 2005). See also Richard Feynman, "Los Alamos from Below," in *Surely You're Joking, Mr. Feynman! Adventures of a Curious Character* (New York: W. W. Norton, 1985), 90–118; Jennifer Light, "When Computers Were Women," *Technology and Culture* 40, no. 3 (1999): 455–83; and Matthew Jones, *Reckoning with Matter: Calculating Machines, Innovation, and Thinking about Thinking from Pascal to Babbage* (Chicago: University of Chicago Press, 2016).

9. Dyson, *Turing's Cathedral*, chaps. 10–11.

10. Dyson, *Turing's Cathedral*, chap. 10. See also Paul Ceruzzi, *A History of Modern Computing* (Cambridge, MA: MIT Press, 1998), chap. 1.

11. Dyson, *Turing's Cathedral*, 298.

12. C. P. Snow, *The Two Cultures* (1959; New York: Cambridge University Press, 2001).

13. Morse, as quoted in Dyson, *Turing's Cathedral*, 333.

14. Albert Einstein to Henry Allen Moe, 28 November 1954, as quoted in David Kaiser, "Bringing the Human Actors Back on Stage: The Personal Context of the Einstein-Bohr Debate," *British Journal for the History of Science* 27 (1994): 129–52, on 146.

15. See, e.g., Ceruzzi, *History of Modern Computing*; and Atsushi Akera, *Calculating a Natural World: Scientists, Engineers, and Computers during the Rise of U.S. Cold War Research* (Cambridge, MA: MIT Press, 2007).

7. 该死的谎言和统计数字

Versions of this essay originally appeared in *Social Research* 73, no. 4 (Winter 2006): 1225–52; and in *Osiris* 27 (2012): 276–302. Reprinted with permission by Johns Hopkins University Press.

1. Benjamin Fine, "Russia Is Overtaking U.S. in Training of Technicians," *New York Times*, 7 November 1954, 1, 80; and "Red Technical Graduates Are Double Those in U.S.," *Washington Post*, 14 November 1955, 21.

2. Robert Shiller, *Irrational Exuberance*, 2nd ed. (Princeton: Princeton University Press, 2005), xvii ("a situation"), 81 ("As prices continue to rise"). See also Donald MacKenzie, *An Engine, Not a Camera: How Financial Models Shape Markets* (Cambridge, MA: MIT Press, 2006), chap. 7.

3. Fine, "Russia Is Overtaking U.S.," 1, 80 ("essential for survival");

Fred M. Hechinger, "U.S. vs. Soviet: Khrushchev's New School Program Points Up the American Lag," *New York Times*, 3 July 1960, E8 ("stockpiles," "cold war of the classrooms"); Nicholas DeWitt, *Soviet Professional Manpower: Its Education, Training, and Supply* (Washington, DC: National Science Foundation, 1955); Alexander Korol, *Soviet Education for Science and Technology* (Cambridge, MA: MIT Press, 1957); and Nicholas DeWitt, *Education and Professional Employment in the USSR* (Washington, DC: National Science Foundation, 1961).

4. DeWitt, *Soviet Professional Manpower*; DeWitt, *Education and Professional Employment*. See also Nicholas DeWitt, "Professional and Scientific Personnel in the U.S.S.R.," *Science* 120 (2 July 1954): 1–4. Biographical details from "Soviet-School Analyst: Nicholas DeWitt," *New York Times*, 15 January 1962, 12. On the founding of Harvard's Russian Research Center, see David Engerman, *Know Your Enemy: The Rise and Fall of America's Soviet Experts* (New York: Oxford University Press, 2009), chap. 2.

5. Korol, *Soviet Education*. Biographical details from Erwin Knoll, "U.S. Schools Must Do More: Red 'Training' Isn't Enough," *Washington Post*, 29 December 1957, E6; and from Donald L. M. Blackmer, *The MIT Center for International Studies: The Founding Years, 1951–1969* (Cambridge, MA: MIT Center for International Studies, 2002), 144, 159 (CIA contract); see also chap. 1 on the center's founding. On the report's reception, see Rowland Evans Jr., "Reds Near 10-1 Engineer Lead," *Washington Post*, 3 November 1957, A14 ("fastidious," "most conclusive study"); Knoll, "U.S. Schools Must Do More" ("solid factual data"); and Harry Schwartz, "Two Ways of Solving a Problem," *New York Times*, 22 December 1957, 132.

6. DeWitt, *Soviet Professional Manpower*, viii, xxvi–xxxviii, 133, 187, 259–61; DeWitt, *Education and Professional Employment*, xxxix, 3, 33, 339, 374, 549–53; and Korol, *Soviet Education*, xi, 391, 400, 407–8 ("unwarranted implications"), 414.

7. On physics curricular comparisons, see Korol, *Soviet Education*, 260–71; DeWitt, *Education and Professional Employment*, 277–80; and Edward M. Corson, "An Analysis of the 5-Year Physics Program at Moscow State University," *Information on Education around the World*, no. 11 (February 1959), published by the Office of Education of the US Department of Health, Education, and Welfare. On the other caveats, see DeWitt, *Soviet Professional Manpower*, 107, 125, 252; Korol, *Soviet Education*, 163, 195, 294, 316, 324, 383–84; and DeWitt, *Education and Professional Employment*, 342, 365, 370, 401.

8. DeWitt, *Soviet Professional Manpower*, 94–95, 158; Korol, *Soviet*

Education, 142–43, 355, 364; and DeWitt, *Education and Professional Employment,* 210, 229–31, 235, 316.

9. DeWitt, *Soviet Professional Manpower,* 168–69; and DeWitt, *Education and Professional Employment,* 341–42.

10. Fine, "Russia Is Overtaking U.S."; "Red Technical Graduates Are Double Those in U.S.," 21. On a 10 November 1955 press conference, see Barbara Barksdale Clowse, *Brainpower for the Cold War: The Sputnik Crisis and the National Defense Education Act of 1958* (Westport, CT: Greenwood Press, 1981), 51. On Allen Dulles and the Joint Congressional Committee on Atomic Energy hearings, see Clowse, *Brainpower,* 25–26. See also Donald Quarles, "Cultivating Our Science Talent: Key to Long-Term Security," *Scientific Monthly* 80 (June 1955): 352–55, on 353; and Lewis Strauss, "A Blueprint for Talent," in *Brainpower Quest,* ed. Andrew A. Freeman (New York: Macmillan, 1957), 223–33, on 226.

11. DuBridge's testimony was quoted in National Science Foundation, 1956 Annual Report, 13, http://www.nsf.gov/pubs. On formation of the national committee, see 1956 Annual Report, 17–19; Howard L. Bevis (chair of the new committee), "America's New Frontier," in Freeman, *Brainpower Quest,* 178–86; and Juan Lucena, *Defending the Nation: U.S. Policymaking to Create Scientists and Engineers from Sputnik to the "War against Terrorism"* (New York: University Press of America, 2005), 40–41. On stocks of scientists and engineers, see DeWitt, *Soviet Professional Manpower,* 255 (see also 223–25).

12. Henry M. Jackson, "Trained Manpower for Freedom," sixteen-page report addressed to the Special NATO Parliamentary Committee on Scientific and Technical Personnel; quotations from 3–4, 6–10. The report is dated 19 August 1957, and its cover marks it for release on 5 September 1957. Jackson's advisory committee included several physicists and mathematicians (such as Richard Courant, Maria Goeppert Mayer, Edward Teller, and John Wheeler), as well as the president of MIT (James Killian), the former president of the National Academy of Sciences (Detlev Bronk), and the president of the Motion Pictures Association (Eric Johnston). A copy of Jackson's report may be found in PDP box 2, folder "Scientific manpower." For more on Jackson's report, see John Krige, "NATO and the Strengthening of Western Science in the Post-Sputnik Era," *Minerva* 38 (2000): 81–108, on 88–93.

13. DeWitt quoted in Homer Bigart, "Soviet Progress in Science Cited," *New York Times,* 1 November 1957, 3; Hoover quoted in Robert Divine, *The Sputnik Challenge: Eisenhower's Response to the Soviet Satellite* (New York: Oxford University Press, 1993), 52–53. On the John-

son hearings, see Clowse, *Brainpower*, 59–60; and Divine, *Sputnik Challenge*, 64–67 (Johnson quotation on 67).

14. "U.S. Sponsored Report Warns on Red Education," *Washington Post*, 28 November 1957, A6; Evans, "Reds Near 10-1 Engineer Lead" ("absolute necessity"); cf. Korol, *Soviet Education*, 398–417 and v–vii (Millikan's preface). The Eisenhower administration's Department of Health, Education, and Welfare released a similar report on 10 November 1957, entitled "Education in Russia," which focused mostly on education at the primary and secondary levels. Eisenhower briefed his cabinet on the report on 8 November 1957, warning them to prepare for a new barrage of questions upon its release. See Clowse, *Brainpower*, 15.

15. On Rabi's 15 October 1957 meeting with Eisenhower, see Clowse, *Brainpower*, 11; Divine, *Sputnik Challenge*, 12–13; and John Rudolph, *Scientists in the Classroom: The Cold War Reconstruction of American Science Education* (New York: Palgrave, 2002), 108. Hutchisson's *Newsweek* quotation in Clowse, *Brainpower*, 19; Hutchisson to AIP Advisory Committee on Education, 4 December 1957, in box 3, folder 3, Elmer Hutchisson Papers, collection number AR30259, Niels Bohr Library, American Institute of Physics, College Park, MD; Teller as quoted in Divine, *Sputnik Challenge*, 15; and Hans Bethe, "Notes for a Talk on Science Education," n.d. (ca. April 1958), on 2, in HAB box 5, folder 4. See also Robert E. Marshak and LaRoy B. Thompson to Congressman Kenneth B. Keating, 22 November 1957, in HAB box 5, folder 4; Samuel K. Allison, "Science and Scientists as National Assets," talk before Chicago Teachers Union, 19 April 1958, on 12–14, in box 24, folder 11, Samuel King Allison Papers, Special Collections Research Center, University of Chicago Library, Chicago, IL; and Frederick Seitz, "Factors concerning Education for Science and Engineering," *Physics Today* 11 (July 1958): 12–15. On media coverage during the National Defense Education Act debates, see Clowse, *Brainpower*, chap. 9; and Divine, *Sputnik Challenge*, 15–16, 92–93, 159–62. Franklin Miller Jr., a physics professor at Kenyon College, warned against "overselling" physics training in the wake of *Sputnik* in a letter to Hutchisson, 2 April 1958, in box 4, folder 23, Hutchisson Papers.

16. Clowse, *Brainpower*, 13, 87 ("Trojan horse"), 91 ("willing to strain"). See also Rudolph, *Scientists in the Classroom*, chaps. 1, 3; and Science Policy Research Division, Legislative Reference Service, Library of Congress, *Centralization of Federal Science Activities*, report to the Subcommittee on Science, Research, and Development of the

House Committee on Science and Astronautics (Washington, DC: Government Printing Office, 1969), 48.

17. On grants and fellowships funded by the act, see Clowse, *Brainpower*, 151–55, 162–67; Divine, *Sputnik Challenge*, 164–66; and Roger Geiger, *Research and Relevant Knowledge: American Research Universities since World War II* (New York: Oxford University Press, 1993), chap. 6. The data on PhDs in the physical sciences and engineering come from National Research Council, *A Century of Doctorates: Data Analysis of Growth and Change* (Washington, DC: National Academy of Sciences, 1978), 12. The issue hardly went away after passage of the National Defense Education Act. See, e.g., Fred M. Hechinger, "Russian Lesson: New Study of Soviet Education Contains Warning to U.S.," *New York Times*, 21 January 1962, 157; and John Walsh, "Manpower: Senate Study Describes How Scientists Fit into Scheme of Things in Red China, Soviet Union," *Science* 141 (19 July 1963): 253–55.

18. Based on data in the series of National Science Foundation reports entitled *American Science Manpower* (Washington, DC: National Science Foundation, 1959–71). On the National Register, see the form letter from Henry A. Barton (director, AIP), dated 16 November 1950, a copy of which may be found in LIS box 1, folder "Amer. Inst. of Physics (AIP)." The so-called "baby boom" played a minor role in driving the rapid burst of training in physical sciences; the demographic bulge of new students began to enter undergraduate studies only in 1964.

19. Office of the Director of Defense Research and Engineering, *Project Hindsight* (Washington, DC: Department of Defense, 1969). See also Daniel Kevles, *The Physicists: The History of a Scientific Community in Modern America* (1978), 3rd ed. (Cambridge, MA: Harvard University Press, 1995), chap. 25; Stuart W. Leslie, *The Cold War and American Science* (New York: Columbia University Press, 1993), chap. 9; Geiger, *Research and Relevant Knowledge*, chaps. 8–9; and Kelly Moore, *Disrupting Science: Social Movements, American Scientists, and the Politics of the Military, 1946–1975* (Princeton: Princeton University Press, 2008), chaps. 5–6. Data for figure 7.2 from National Research Council, *Century of Doctorates*, 12; and National Science Foundation, Division of Science Resources Statistics, *Science and Engineering Degrees, 1966–2001*, report no. NSF 04-311 (Arlington, VA: National Science Foundation, 2004).

20. David Kaiser, "Cold War Requisitions, Scientific Manpower, and the Production of American Physicists after World War II," *His-*

torical Studies in the Physical and Biological Sciences 33 (Fall 2002): 131–59.

21. DeWitt, *Soviet Professional Manpower*, 167–69; and DeWitt, *Education and Professional Employment*, 339–42. A few academics expressed frustration with journalists' roughshod treatment of these and similar studies at the time: George Z. F. Bereday, review of Korol, *Soviet Education*, in *American Slavic and East European Review* 17 (October 1958): 355–59; and Seymour M. Rosen, "Problems in Evaluating Soviet Education," *Comparative Education Review* 8 (October 1964): 153–65. At the time, the Soviet Union had a small number of universities (thirty-three in 1953, forty in 1958) but more than seven hundred technical "institutes," which trained the vast majority of higher-education students. Natural sciences and mathematics were taught *only* at the universities, which, in turn, taught very few students in applied science or engineering. Most of DeWitt's analysis therefore focused on the technical institutes.

22. DeWitt, *Soviet Professional Manpower*, 167–69; and DeWitt, *Education and Professional Employment*, 339–42. US institutions continued to graduate twice as many science students per year as the Soviets through the 1970s: Catherine P. Ailes and Francis W. Rushing, *The Science Race: Training and Utilization of Scientists and Engineers, US and USSR* (New York: Crane Russak, 1982), 65. Of course, DeWitt's and Korol's studies themselves need hardly be taken at face value: Russian expatriates working with CIA funding might not be expected to produce "value-free" studies, especially during such charged times. Nonetheless, any ideological distortions or idiosyncratic choices of emphasis—should these have entered their detailed reports at all—paled in comparison to the ways that various readers treated their efforts. More recent "scientific manpower" projections have proven equally feeble when compared with actual outcomes. See esp. Lucena, *Defending the Nation*, chaps. 4–5; Earl H. Kinmonth, "Japanese Engineers and American Mythmakers," *Pacific Affairs* 64 (Autumn 1991): 328–50; and Michael S. Teitelbaum, *Falling Behind? Boom, Bust, and the Global Race for Scientific Talent* (Princeton: Princeton University Press, 2014).

23. See, e.g., Lucena, *Defending the Nation*, chap. 4; and Kinmonth, "Japanese Engineers and American Mythmakers." Declines in annual PhD conferrals across each category were calculated from data tabulated in the annual National Science Foundation reports, "Science and Engineering Doctorate Awards," 1994–2006, http://www.nsf.gov/statistics/doctorates.

24. David Berliner and Bruce Biddle, *The Manufactured Crisis: Myths, Fraud, and the Attack on America's Public Schools* (New York: Basic, 1995), 95–102; Daniel Greenberg, *Science, Money, and Politics: Political Triumph and Ethical Erosion* (Chicago: University of Chicago Press, 2001), chaps. 8–9; Eric Weinstein, "How and Why Government, Universities, and Industry Create Domestic Labor Shortages of Scientists and High-Tech Workers," unpublished working paper, http://www.nber.orb/~peat/Papers/Folder/Papers/SG/NSF.html; and Lucena, *Defending the Nation*, 104–12, 133. See also Teitelbaum, *Falling Behind?*

25. See esp. Lucena, *Defending the Nation*, chap. 4.

26. Berliner and Biddle, *Manufactured Crisis*; Greenberg, *Science, Money, and Politics*; and Lucena, *Defending the Nation*.

27. Cf. Jeremy Bernstein, *Physicists on Wall Street and Other Essays on Science and Society* (New York: Springer, 2008).

8. 如何教授量子力学

1. Richard Feynman, Robert Leighton, and Matthew Sands, *The Feynman Lectures on Physics*, 3 vols. (Reading, MA: Addison-Wesley, 1963–65).

2. Feynman, Leighton, and Sands, *Feynman Lectures*, 1:3–5. See also Richard C. M. Jones to Robert B. Leighton, 16 April 1962, and Leighton to Earl Tondreau, 27 March 1963, both in box 1, folder 1, Robert B. Leighton Papers, California Institute of Technology Archives, Pasadena, CA.

3. Leo Bauer to M. W. Cummings, 7 November 1963, in box 1, folder 2, Leighton Papers (emphasis in original).

4. On sales figures, see unsigned memo, ca. November 1968, in box 1, folder 2, Leighton Papers. On the enduring interest in the books, see Robert P. Crease, "Feynman's Failings," *Physics World* 27 (March 2014): 25.

5. Hans Bethe, "30 Years of Physics at Cornell" (ca. 1965), 10, in HAB box 3, folder 21; A. Carl Helmholz, interview with the author, Berkeley, 14 July 1998; and W. C. Kelly, "Survey of Education in Physics in Universities in the United States," 1 December 1962, in box 9, American Institute of Physics, Education and Manpower Division records, collection number AR15, Niels Bohr Library, American Institute of Physics, College Park, MD. See also Victor F. Weisskopf, "Quantum Mechanics," *Science* 109 (22 April 1949): 407–8; and David R. Inglis, "Quantum Theory," *American Journal of Physics*

20 (November 1952): 522–23. See also Stanley Coben, "The Scientific Establishment and the Transmission of Quantum Mechanics to the United States, 1919–32," *American Historical Review* 76 (1971): 442–60; Gerald Holton, "On the Hesitant Rise of Quantum Mechanics Research in the United States," in *Thematic Origins of Scientific Thought*, 2nd ed. (Cambridge, MA: Harvard University Press, 1988), 147–87; and Katherine Sopka, *Quantum Physics in America: The Years through 1935* (New York: American Institute of Physics, 1988).

6. Francis G. Slack, "Introduction to Atomic Physics," *American Journal of Physics* 17 (November 1949): 454.

7. J. Robert Oppenheimer, *Science and the Common Understanding* (New York: Simon and Schuster, 1953), 36–37.

8. See esp. Kai Bird and Martin J. Sherwin, *American Prometheus: The Triumph and Tragedy of J. Robert Oppenheimer* (New York: Knopf, 2005), chaps. 1–2; and Charles Thorpe, *Oppenheimer: The Tragic Intellect* (Chicago: University of Chicago Press, 2006), chap. 2. Oppenheimer quoted in "The Eternal Apprentice," *Time*, 8 November 1948, 70–81, on 70 ("unctuous").

9. Bird and Sherwin, *American Prometheus*, chaps. 2–3.

10. Raymond T. Birge, "History of the Physics Department," 5 vols., in vol. 3, chap. 9, p. 31. Birge's "History" is available in the Bancroft Library, University of California–Berkeley.

11. Bird and Sherwin, *American Prometheus*, 84. See also David Cassidy, "From Theoretical Physics to the Bomb: J. Robert Oppenheimer and the American School of Theoretical Physics," in *Reappraising Oppenheimer: Centennial Studies and Reflections*, ed. Cathryn Carson and David A. Hollinger (Berkeley: University of California Press, 2005), 13–29.

12. Copies of Bernard Peter's notes from Oppenheimer's 1939 Berkeley course (Physics 221) are available in several university libraries, including Caltech and Berkeley. As late as 1947, administrative staff in Berkeley's physics department still fielded repeated requests for copies of Oppenheimer's 1939 lecture notes; see correspondence in box 4, folder 16, University of California–Berkeley, Department of Physics records, collection number CU-68, Bancroft Library, University of California–Berkeley.

13. Felix Bloch's handwritten lecture notes from the mid-1930s are available in FB box 16, folders 13–14. The Caltech communal notebooks were called the "Bone Books" and span 1929–69; they are available in the Caltech archives, Pasadena, CA. See esp. entries by

Sherwood K. Haynes, 6 January 1936, in box 1, vol. 2; and by Martin Summerfield, 10 March 1939, in box 1, vol. 3 (emphasis in original).

14. Edward Condon and Philip Morse, *Quantum Mechanics* (New York: McGraw-Hill, 1929), 1, 2, 7, 10, 17–21, 83; and Edwin Kemble, "The General Principles of Quantum Mechanics, Part 1," *Physical Review Supplement* 1 (1929): 157–215, on 157–58, 175–77. Cf. Arthur Ruark and Harold Urey, *Atoms, Molecules, and Quanta* (New York: McGraw-Hill, 1930); Alfred Landé, *Principles of Quantum Mechanics* (New York: Macmillan, 1937); and Edwin Kemble, *The Fundamental Principles of Quantum Mechanics* (New York: McGraw-Hill, 1937). On reviews, see Paul Epstein, "Quantum Mechanics," *Science* 81 (28 June 1935): 640–41; E. U. Condon, "Quantum Mechanics," *Science* 31 (31 January 1935): 105–6; "Foundations of Physics," *American Physics Teacher* 4 (September 1936): 148; Karl Lark-Horovitz, "Quantum Mechanics," *Science* 87 (1 April 1938): 302; L. H. Thomas, "Quantum Mechanics," *Science* 88 (2 September 1938): 217–19; and "The Fundamental Principles of Quantum Mechanics," *American Physics Teacher* 6 (October 1938): 287–88. My discussion of interwar trends in teaching quantum mechanics within the United States is indebted to several pioneering works, though I find much greater emphasis upon philosophical engagement in the extant teaching materials than has previously been noted. See esp. Silvan S. Schweber, "The Empiricist Temper Regnant: Theoretical Physics in the United States, 1920–1950," *Historical Studies in the Physical Sciences* 17 (1986): 55–98; Nancy Cartwright, "Philosophical Problems of Quantum Theory: The Response of American Physicists," in *The Probabilistic Revolution*, ed. Lorenz Krüger, Gerg Gigerenzer, and Mary S. Morgan (Cambridge, MA: MIT Press, 1987), 2:417–35; Alexi Assmus, "The Molecular Tradition in Early Quantum Theory," *Historical Studies in the Physical and Biological Sciences* 22 (1992): 209–31; and Alexi Assmus, "The Americanization of Molecular Physics," *Historical Studies in the Physical and Biological Sciences* 23 (1992): 1–34.

15. Caltech Bone Book entries: Michael Cohen, 14 May 1953, in box 1, vol. 7; Frederick Zachariasen, 27 May 1953, in box 1, vol. 7; and Kenneth Kellerman, 10 April 1961, in box 1, vol. 9. Copies of the written comprehensive and qualifying exams may be found in LIS box 9, folder "Misc. problems"; in FB box 10, folder 19; in box 3, folder 4, University of California–Berkeley, Department of Physics records, collection number CU-68, Bancroft Library; and in Kelly, "Survey of Education," appendix 19.

16. Raymond T. Birge to E. W. Strong, 30 August 1950 ("disgrace"), in RTB. See also David Kaiser, *How the Hippies Saved Physics: Science, Counterculture, and the Quantum Revival* (New York: W. W. Norton, 2011), 18–19.

17. Jacques Cattell, ed., *American Men of Science*, 10th ed. (Tempe, AZ: Jacques Cattell Press, 1960), s.v. "Nordheim, Dr. L(othar) W(olfgang)." See also William Laurence, "Teller Indicates Reds Gain on Bomb," *New York Times*, 4 July 1954; and John A. Wheeler with Kenneth Ford, *Geons, Black Holes, and Quantum Foam: A Life in Physics* (New York: W. W. Norton, 1998), 202–4.

18. Paul F. Zweifel's handwritten notes on Nordheim's 1950 course at Duke University are available in the Niels Bohr Library, American Institute of Physics; see pp. 8–11, 38–39, 58.

19. Freeman Dyson's handwritten lecture notes from his courses at Cornell (1952) and Princeton (1961), in Professor Dyson's possession, Institute for Advanced Study, Princeton; Enrico Fermi, *Notes on Quantum Mechanics* (1961), 2nd ed. (Chicago: University of Chicago Press, 1995), which reproduces the mimeographed handwritten lecture notes that Fermi distributed to his class at the University of Chicago (1954); Elisha Huggins's handwritten notes on Richard Feynman's course at Caltech (1955), in Professor Huggins's possession, Dartmouth College; Hans Bethe's handwritten lecture notes from Cornell (1957), in HAB box 1, folder 26; Evelyn Fox Keller's handwritten notes on Wendell Furry's course at Harvard (1957), in Professor Keller's possession, MIT; Saul Epstein, "Lecture Notes in Quantum Mechanics" (1958), mimeographed typed lecture notes, available in the University of Nebraska Physics Library, Lincoln; and Edward L. Hill, "Lecture Notes on Quantum Mechanics" (1958), mimeographed typed lecture notes, available in the University of Minnesota Physics Library, Minneapolis. For each course, I was able to estimate enrollments based on PhD conferrals from those departments four and five years later (taking into account average degree-completion times from that era). In those cases for which archival information about actual enrollments remains available, the estimates based on later PhD conferrals matched actual enrollments: Julia Gardner (reference librarian, University of Chicago), email to the author, 16 September 2005; Bethe's course grade sheet available in HAB box 1, folder 26; Roger D. Kirby (chair, Department of Physics, University of Nebraska), email to the author, 15 September 2005; and Mary N. Morley (registrar, Caltech), email to the author, 13 September 2005.

20. Leonard I. Schiff, *Quantum Mechanics* (New York: McGraw-Hill, 1949), xi; and David Bohm, *Quantum Theory* (New York: Prentice Hall, 1951), v.

21. Schiff's handwritten lecture notes from fall 1959, in LIS box 8, folder "Sr. Colloquium 'Relativity and Uncertainty'" (emphasis in original).

22. See reviews of various editions of Schiff's textbook: Weiss-kopf, "Quantum Mechanics"; Morton Hammermesh, "Quantum Mechanics," *American Journal of Physics* 17 (November 1949): 453–54; Abraham Klein, "Quantum Mechanics," *Physics Today* 23 (May 1970): 70–71; and John Gardner, "Quantum Mechanics," *American Journal of Physics* 41 (1973): 599–600.

23. E. M. Corson, "Quantum Theory," *Physics Today* 5 (February 1952): 23–24 ("rare example").

24. Corson, "Quantum Theory," 23–24 ("concise and well balanced"); and Inglis, "Quantum Theory," 522–23 ("credit of Bohm's book").

25. On Bohm's case, see esp. Ellen Schrecker, *No Ivory Tower: McCarthyism and the Universities* (New York: Oxford University Press, 1986), 135–37, 142–44; F. David Peat, *Infinite Potential: The Life and Times of David Bohm* (Reading, MA: Addison-Wesley, 1997), chaps. 5–8; Russell Olwell, "Physical Isolation and Marginalization in Physics: David Bohm's Cold War Exile," *Isis* 90 (1999): 738–56; Olival Freire, "Science and Exile: David Bohm, the Cold War, and a New Interpretation of Quantum Mechanics," *Historical Studies in the Physical and Biological Sciences* 36 (2005): 1–34; and Shawn Mullet, "Little Man: Four Junior Physicists and the Red Scare Experience" (PhD diss., Harvard University, 2008), chap. 4. On sales of Schiff's book, see Malcolm Johnson to Leonard Schiff, 11 March 1964, in LIS box 9, folder "Schiff: Quantum mechanics." In 1989, Dover Publications issued a reprint of Bohm's 1951 textbook. On Bohm's failed efforts to publish a follow-up textbook, see the correspondence in LIS box 13, folder "Bohm."

26. Edward Gerjuoy, "Quantum Mechanics," *American Journal of Physics* 24 (February 1956): 118.

27. Eyvind Wichmann, "Comments on Quantum Mechanics, by L. I. Schiff (Second Edition)," n.d. (ca. January 1965), in LIS box 9, folder "Schiff: Quantum mechanics" (emphasis in original).

28. Jacques Romain, "Introduction to Quantum Mechanics," *Physics Today* 13 (April 1960): 62 ("avoids philosophical discussion"); D. L. Falkoff, "Principles of Quantum Mechanics," *American Journal of Physics* 20 (October 1952): 460–61 ("philosophically tainted ques-

tions"); and Herman Feshbach, "Clear and Perspicuous," *Science* 136 (11 May 1962): 514 ("musty atavistic to-do").

29. George Uhlenbeck, "Quantum Theory," *Science* 140 (24 May 1963): 886. Statistics on textbook publications come from keyword and call-number searches in the online catalog of the US Library of Congress: http://www.loc.gov. With the aid of several research assistants, I copied every homework problem within this set of textbooks and coded each by whether the problem required students to perform a calculation or to describe a physical effect in short-answer or essay form.

30. Robert Eisberg and Robert Resnick, *Quantum Physics of Atoms, Molecules, Solids, Nuclei, and Particles* (New York: Wiley, 1974), vi, 25, 245, 322; Michael A. Morrison, Thomas L. Estle, and Neal F. Lane, *Quantum States of Atoms, Molecules, and Solids* (Englewood Cliffs, NJ: Prentice-Hall, 1976), xv; Robert Eisberg, email to the author, 7 October 2005; and Robert Resnick, email to the author, 11 October 2005. Enrollment changes calculated from data in the annual American Institute of Physics graduate-student surveys, 1961–75, available in American Institute of Physics, Education and Manpower Division records, collection number AR15, Niels Bohr Library. One may find a similar shift in the types of homework problems included in textbooks on quantum mechanics aimed at undergraduates. Compare, e.g., A. P. French, *Principles of Modern Physics* (New York: Wiley, 1958), with A. P. French and Edwin F. Taylor, *An Introduction to Quantum Physics* (New York: W. W. Norton, 1978). Moreover, one finds that textbooks written by physicists in other countries fit the same pattern regarding correlations between pedagogical style and enrollments. Textbooks on quantum mechanics after the Second World War by authors in the United Kingdom and the Soviet Union, which each experienced surges in physics enrollments, included only a small proportion of discussion-style homework problems until the enrollments fell. Physicists in other European countries, such as France, West Germany, and Austria—which did not experience a large spike in physics enrollments after the war—continued to publish textbooks similar to the interwar models, with lengthy chapters on philosophical interpretations of the quantum-mechanical formalism.

31. Raymond T. Birge to E. B. Roessler, 29 November 1952 ("subjects that are not trivial"); Birge to K. T. Bainbridge, 11 February 1953 ("not the sort of work"); and Birge to Alfred Kelleher, 3 November 1954, all in RTB. On the other promotion case, see Birge to Dean A. R. Davis, 9 April 1951, in RTB.

32. On incoming graduate-student enrollments in Stanford's physics department, see faculty meeting minutes, 12 January 1970, in FB box 12, folder 1; and unsigned memo, "Graduate Enrollment and Projection," 2 February 1972, in FB box 12, folder 8. On fears of becoming a "factory," see Paul Kirkpatrick, memo to Stanford physics department faculty, 19 January 1956, in FB box 10, folder 2; and Ed Jaynes, memo to department faculty, 27 April 1956, in FB box 10, folder 3. See also the anonymous memos on comprehensive exam results, 7 and 14 April 1956, in FB box 10, folder 3 ("Rather limited knowledge"); 2 February 1958, in FB box 10, folder 8; W. E. Meyerhof, minutes of Graduate Study Committee meeting, 4 November 1959, in FB box 10, folder 12; and Felix Bloch, "Oral Examinations" memorandum, 9 May 1961, in FB box 10, folder 16.

33. "Faculty Skit 1963," available in University of Illinois at Urbana–Champaign, Department of Physics, Faculty Skits, 1963–73, deposited in the Niels Bohr Library.

34. A. L. Fetter memo to department faculty, 28 February 1972, in FB box 12, folder 8; and comprehensive exam (21–22 September 1972) in FB box 12, folder 10. On the new seminar, see W. E. Meyerhof, memo to Stanford's physics graduate students, 29 September 1972, in FB box 12, folder 10.

35. On Feynman's "Physics X" course, see James Gleick, *Genius: The Life and Science of Richard Feynman* (New York: Pantheon, 1992), 398–99.

36. Kaiser, *How the Hippies Saved Physics*, 19–20.

9. 禅宗与量子

Versions of this essay appeared in David Kaiser, *How the Hippies Saved Physics: Science, Counterculture, and the Quantum Revival* (New York: W. W. Norton, 2011), chap. 7; and in *Isis* 103 (2012): 126–38.

1. See also David Kaiser and W. Patrick McCray, eds., *Groovy Science: Knowledge, Innovation, and American Counterculture* (Chicago: University of Chicago Press, 2016).

2. Fritjof Capra, *The Tao of Physics: An Exploration of the Parallels between Modern Physics and Eastern Mysticism* (Boulder, CO: Shambhala, 1975).

3. Fritjof Capra, *Uncommon Wisdom: Conversations with Remarkable People* (New York: Simon and Schuster, 1988), 22–25. The Santa Cruz physicist who invited Capra was Michael Nauenberg; see Nauenberg

interview with Randall Jarrell, 12 July 1994, on 37. Transcript available at http://physics.ucsc.edu/~michael/oral2.pdf.

4. Capra, *Uncommon Wisdom*, 23 ("schizophrenic life"), 27 (on Alan Watts). On Watts's connections with Esalen, see Jeffrey Kripal, *Esalen: America and the Religion of No Religion* (Chicago: University of Chicago Press, 2007), 59, 73, 76, 99, 121–25.

5. Capra, *Uncommon Wisdom*, 34. Capra opened *The Tao of Physics* (11) by recounting his "Dance of Shiva" experience on the beach.

6. Capra, *Uncommon Wisdom*, 34.

7. Fritjof Capra to Victor F. Weisskopf, 12 November 1972, in VFW box NC1, folder 26.

8. Ibid. On Weisskopf's career, see David Kaiser, "Weisskopf, Victor Frederick," in *New Dictionary of Scientific Biography* (New York: Scribner's, 2007), 7:262–69; and Victor F. Weisskopf, *The Joy of Insight: Passions of a Physicist* (New York: Basic, 1991). The oft-stolen textbook was J. M. Blatt and V. F. Weisskopf, *Theoretical Nuclear Physics* (New York: John Wiley, 1952).

9. Capra to Weisskopf, 11 January 1973 (quotations), and Capra to Weisskopf, 23 March 1973, both in VFW box NC1, folder 26.

10. Weisskopf to Capra, 19 April 1973, in VFW box NC1, folder 26.

11. Capra, *Uncommon Wisdom*, 44–45 ("rather hard-headed"), 53–54. Capra's early essays include Fritjof Capra, "The Dance of Shiva: The Hindu View of Matter in the Light of Modern Physics," *Main Currents in Modern Thought* 29 (September–October 1972): 15–20; and Fritjof Capra, "Bootstrap and Buddhism," *American Journal of Physics* 42 (January 1974): 15–19. On Chew's bootstrap program, see David Kaiser, *Drawing Theories Apart: The Dispersion of Feynman Diagrams in Postwar Physics* (Chicago: University of Chicago Press, 2005), chaps. 8–9.

12. Capra, *Uncommon Wisdom*, 46; and Judith Appelbaum, "Paperback Talk: A Science with Mass Appeal," *New York Times*, 20 March 1983, 39–40. On Shambhala Press, see also Sam Binkley, *Getting Loose: Lifestyle Consumption in the 1970s* (Durham, NC: Duke University Press, 2007), 120–22.

13. Capra to Weisskopf, 7 May 1976, and Weisskopf to Capra, 21 June 1976 (quotations), both in VFW box NC1, folder 26.

14. On sales, see Capra to Weisskopf, 8 July 1976, in VFW box NC1, folder 26; and Appelbaum, "Paperback Talk." On subsequent editions and translations, see the full list at http://www.fritjofcapra.net (accessed 12 June 2008).

15. Several years later, two comparative-religion scholars scoffed that Capra's book "seemed to misinterpret Asian religions and cultures on almost every page": Andrea Grace Diem and James R. Lewis, "Imagining India: The Influence of Hinduism on the New Age Movement," in *Perspectives on the New Age*, ed. James R. Lewis and J. Gordon Melton (Albany: State University of New York Press, 1992), 48–58, on 49.

16. Karen de Witt, "Quantum Theory Goes East: Western Physics Meets Yin and Yang," *Washington Post*, 9 July 1977, C1 ("Tall and slim"); and Capra, *Tao of Physics*, quotations on 307.

17. Capra, *Tao of Physics*, 19, 25, 141.

18. Capra, *Tao of Physics*, 160 ("this notion," coat of arms); see also 114–15 and chaps. 11–13.

19. Jack Miles, "A Whole-Earth Scientific Order for the Future," *Los Angeles Times*, 4 April 1982, N8 ("amazingly well"); Jonathan Westphal, in Christopher Clarke, Frederick Parker-Rhodes, and Jonathan Westphal, "Review Discussion: The Tao of Physics by F. Capra," *Theoria to Theory* 11 (1978): 287–300, on 294 ("Capra is clearly in earnest"); and Abner Shimony, "Meeting of Physics and Metaphysics," *Nature* 291 (4 June 1981): 435–36, on 436. For other reviews, see George B. Kauffman, "The Tao of Physics," *Isis* 68 (1977): 460–61; A. Dull, "The Tao of Physics," *Philosophy East and West* 28 (1978): 387–90; D. White, "The Tao of Physics," *Contemporary Sociology* 8 (1979): 586–87; Sal P. Restivo, "Parallels and Paradoxes in Modern Physics and Eastern Mysticism, Part I: A Critical Reconnaissance," *Social Studies of Science* 8 (1978): 143–81; Sal P. Restivo, "Parallels and Paradoxes in Modern Physics and Eastern Mysticism, Part II: A Sociological Perspective on Parallelism," *Social Studies of Science* 12 (1982): 37–71; and Robert K. Clifton and Marilyn G. Regehr, "Toward a Sound Perspective on Modern Physics: Capra's Popularization of Mysticism and Theological Approaches Reexamined," *Zygon* 25 (March 1990): 73–104.

20. Isaac Asimov, "Scientists and Sages," *New York Times*, 27 July 1978, 19; and Jeremy Bernstein, "A Cosmic Flow," *American Scholar* 48 (Winter 1978–79): 6–9.

21. Capra, *Tao of Physics*, 25; and V. N. Mansfield, "The Tao of Physics," *Physics Today* 29 (August 1976): 56.

22. Capra to Weisskopf, 8 July 1976, in VFW box NC1, folder 26; David Harrison, "Teaching The Tao of Physics," *American Journal of Physics* 47 (September 1979): 779–83, on 779 ("This leads naturally"); and Eric Scerri, "Eastern Mysticism and the Alleged Parallels with

Physics," *American Journal of Physics* 57 (August 1989): 687–92, on 688 ("Anyone involved"). Jack Sarfatti likewise adopted Capra's book as a textbook for one of his popular seminars on science and religion, run by the Physics/Consciousness Research Group: Jack Sarfatti, "Physics/Consciousness Program, De Anza-Foothill College, Spring Quarter 1976," on 4–5, in JAW, Sarfatti folders.

23. Clifton and Regehr, "Toward a Sound Perspective," 73–74.

24. Pedagogical critiques include Donald H. Esbenshade Jr., "Relating Mystical Concepts to Those of Physics: Some Concerns," *American Journal of Physics* 50 (March 1982): 224–28; and Scerri, "Eastern Mysticism." Cf. David Harrison, "Comment on 'Relating Mystical Concepts to Those of Physics'" (letter to the editor), *American Journal of Physics* 50 (October 1982): 873 ("most of these students"); and David Harrison, email to the author, 3 July 2007 ("bums in the seats").

25. Harrison, "Comment on 'Relating Mystical Concepts to Those of Physics,'" 873–74; David Harrison, "Bell's Inequality and Quantum Correlations," *American Journal of Physics* 50 (September 1982): 811–16; Nick Herbert, email to the author, 16 April 2008; and Harrison, email to the author, 17 April 2008. The first quantum mechanics textbook to include any material on Bell's theorem was J. J. Sakurai, *Modern Quantum Mechanics* (Menlo Park, CA: Benjamin Cummings, 1985), 223–32; see L. E. Ballentine, "Resource Letter IQM-2: Foundations of Quantum Mechanics since the Bell Inequalities," *American Journal of Physics* 55 (September 1987): 785–92, on 787.

26. Several reviewers highlighted this "ideological" use of Capra's book: physicists could use it as a hedge against antiscientific sentiments of the day. See Kauffman, "Tao of Physics," 461; Restivo, "Parallels and Paradoxes, Part II," 39, 43, 45, 47, 53; and Scerri, "Eastern Mysticism," 688.

27. Kaiser, *How the Hippies Saved Physics*, 164–69, 276–83, 312–13.

28. See also Cyrus C. M. Mody, "Santa Barbara Physicists in the Vietnam Era," in Kaiser and McCray, *Groovy Science*, 70–106.

10. 白日梦

Portions of this essay originally appeared in *London Review of Books* 31 (17 December 2009): 19–20; and in *London Review of Books*, 22 March 2010 (online).

1. My internship was with a portion of the Solenoidal Detector Collaboration.

2. David Kaiser, "Distinguishing a Charged Higgs Signal from a Heavy W_R Signal," *Physics Letters B* 306 (1993): 125–28.

3. Daniel Kevles, "Preface, 1995: The Death of the Superconducting Super Collider in the Life of American Physics," in *The Physicists: The History of a Scientific Community in Modern America* (1978), 3rd ed. (Cambridge, MA: Harvard University Press, 1995), ix–xlii; Michael Riordan, Lillian Hoddeson, and Adrienne Kolb, *Tunnel Visions: The Rise and Fall of the Superconducting Super Collider* (Chicago: University of Chicago Press, 2015); and Joseph Martin, *Solid State Insurrection: How the Science of Substance Made American Physics Matter* (Pittsburgh, PA: University of Pittsburgh Press, 2018), chap. 9.

4. John Heilbron and Robert Seidel, *Lawrence and His Laboratory* (Berkeley: University of California Press, 1989), 135, 235–40, 478–84.

5. Recounted in Robert Serber with Robert P. Crease, *Peace and War: Reminiscences of a Life on the Frontiers of Science* (New York: Columbia University Press, 1998), 148.

6. Peter Westwick, *The National Labs: Science in an American System, 1947–1974* (Cambridge, MA: Harvard University Press, 2003).

7. Richard Hewlett and Francis Duncan, *A History of the United States Atomic Energy Commission*, vol. 2, *Atomic Shield, 1947–1952* (University Park: Pennsylvania State University Press, 1969), 249–50; Robert Seidel, "Accelerating Science: The Postwar Transformation of the Lawrence Radiation Laboratory," *Historical Studies in the Physical Sciences* 13 (1983): 375–400, on 394–97; and Henry DeWolf Smyth as quoted in Robert Seidel, "A Home for Big Science: The Atomic Energy Commission's Laboratory System," *Historical Studies in the Physical Sciences* 16 (1986): 135–75, on 148 ("big groups of scientists").

8. Joseph Platt to Paul McDaniel memorandum, 27 July 1961, as quoted in Robert Seidel, "The Postwar Political Economy of High-Energy Physics," in *Pions to Quarks: Particle Physics in the 1950s*, ed. Laurie Brown, Max Dresden, and Lillian Hoddeson (New York: Cambridge University Press, 1989), 497–507, on 502.

9. Fermilab founding director Robert Wilson's 1969 congressional testimony is quoted in Lillian Hoddeson, Adrienne Kolb, and Catherine Westfall, *Fermilab: Physics, the Frontier, and Megascience* (Chicago: University of Chicago Press, 2008), 13–14.

10. See, e.g., Steven Weinberg, *Dreams of a Final Theory* (New York: Pantheon, 1993); Leon Lederman with Dick Teresi, *The God Particle* (Boston: Houghton Mifflin, 1993); cf. Martin, *Solid State Insurrection*,

chap. 9. On the early years of the SSC project, see Riordan, Hoddeson, and Kolb, *Tunnel Visions*, chaps. 2–3.

11. Geoff Brumfiel, "LHC Sees Particles Circulate Once More," *Nature*, 23 November 2009, doi:10.1038/news.2009.1104.

12. Ian Sample, "Totally Stuffed: CERN's Electrocuted Weasel to Go on Display," *Guardian*, 27 January 2017.

13. See, e.g., Dominique Pestre and John Krige, "Some Thoughts on the Early History of CERN," in *Big Science: The Growth of Large-Scale Research*, ed. Peter Galison and Bruce Hevly (Stanford: Stanford University Press, 1992), 78–99.

11. 无中生有

Portions of this essay originally appeared in *London Review of Books* 31 (17 December 2009): 19–20.

1. Murray Gell-Mann, "A Schematic Model of Baryons and Mesons," *Physics Letters* 8 (1964): 214–15. Preprints of Zweig's 1964 papers are available on the CERN website: George Zweig, "An SU_3 Model for Strong Interaction Symmetry and Its Breaking," version 1 (dated 17 January 1964), http://cds.cern.ch/record/352337/files; and George Zweig, "An SU_3 Model for Strong Interaction Symmetry and Its Breaking," version 2 (dated 21 February 1964), http://cds.cern.ch/record/570209/files. See also Michael Riordan, *The Hunting of the Quark: A True Story of Modern Physics* (New York: Simon and Schuster, 1987).

2. See, e.g., Lillian Hoddeson, Laurie Brown, Michael Riordan, and Max Dresden, eds., *The Rise of the Standard Model* (New York: Cambridge University Press, 1997).

3. MIT physicist Frank Wilczek has described this process as a migration from "c-world to p-world," an almost alchemical transformation of concepts into physical stuff in the world around us. See Frank Wilczek, *The Lightness of Being: Mass, Ether, and the Unification of Forces* (New York: Basic, 2008), 186.

4. Peter Galison, *How Experiments End* (Chicago: University of Chicago Press, 1987), chap. 4.

5. For an accessible account, see Wilczek, *Lightness of Being*.

6. Adrian Cho, "At Long Last, Physicists Calculate the Proton's Mass," *Science*, 21 November 2008.

12. 狩猎希格斯粒子

Portions of this essay originally appeared in *London Review of Books* 33 (25 August 2011): 20; in *London Review of Books*, 6 July 2012 (online); and in *Huffington Post*, 10 February 2014.

1. Feynman quoted in Michael Riordan, *The Hunting of the Quark: A True Story of Modern Physics* (New York: Simon and Schuster, 1987), 152.

2. Leon Lederman with Dick Teresi, *The God Particle* (Boston: Houghton Mifflin, 1993).

3. See, e.g., Lillian Hoddeson, Laurie Brown, Michael Riordan, and Max Dresden, eds., *The Rise of the Standard Model* (New York: Cambridge University Press, 1997), chap. 28; and Sean Carroll, *The Particle at the End of the Universe: How the Hunt for the Higgs Boson Leads Us to the Edge of a New World* (New York: Dutton, 2012), chap. 8.

4. F. Englert and R. Brout, "Broken Symmetry and the Mass of Gauge Vector Mesons," *Physical Review Letters* 13 (1964): 321–23; Peter Higgs, "Broken Symmetries and the Masses of Gauge Bosons," *Physical Review Letters* 13 (1964): 508–9; and G. S. Guralnik, C. R. Hagen, and T. W. B. Kibble, "Global Conservation Laws and Massless Particles," *Physical Review Letters* 13 (1964): 585–87.

5. Frank Wilczek, "Thanks, Mom! Finding the Quantum of Ubiquitous Resistance," *NOVA: The Nature of Reality* (blog), 4 July 2012, http://www.pbs.org/wgbh/nova/blogs/physics/2012/07/thanks-mom; and John Ellis, "What Is the Higgs Boson?," https://videos.cern.ch/record/1458922.

6. See, e.g., Carroll, *Particle at the End of the Universe*.

7. See Peter Galison, *Image and Logic: A Material Culture of Microphysics* (Chicago: University of Chicago Press, 1997).

8. John Gunion, Howard Haber, Gordon Kane, and Sally Dawson, *The Higgs Hunter's Guide* (New York: Addison-Wesley, 1990).

9. A video of the 13 December 2011 CERN press conference is available at https://videos.cern.ch/record/1406043.

10. G. Aad et al. (ATLAS Collaboration), "Observation of a New Particle in the Search for the Standard Model Higgs Boson with the ATLAS Detector at the LHC," *Physics Letters B* 716 (2012): 1–29; and S. Chatrchyan et al. (CMS Collaboration), "Observation of a New Boson at a Mass of 125 GeV with the CMS Experiment at the LHC," *Physics Letters B* 716 (2012): 30–61.

11. Based on searches in titles, abstracts, and keywords for "Higgs"

and/or "electroweak symmetry breaking" in the Thomson Reuters Web of Knowledge database (formerly the Science Citation Index).

12. Matthew Strassler, *Of Particular Significance* (blog), 4 July 2012, https://profmattstrassler.com/2012/07/04/the-day-of-the -higgs.

13. 两个 "场" 的碰撞

Versions of this essay originally appeared in *Social Studies of Science* 36 (August 2006): 533–64; and in *Scientific American* 296 (June 2007): 62–69. Reprinted with permission. Copyright 2007, *Scientific American*, a Division of Springer Nature America, Inc. All rights reserved.

1. F. L. Bezrukov and M. E. Shaposhnikov, "The Standard Model Higgs Boson as the Inflaton," *Physics Letters B* 659 (2008): 703, https://arxiv.org/abs/0710.3755.

2. E.g., D. I. Kaiser, "Constraints in the Context of Induced Gravity Inflation," *Physical Review D* 49 (1994): 6347–53, https://arxiv.org/abs /astro-ph/9308043; D. I. Kaiser, "Induced-Gravity Inflation and the Density Perturbation Spectrum," *Physics Letters B* 340 (1994): 23–28, https://arxiv.org/abs/astro-ph/9405029; and D. I. Kaiser, "Primordial Spectral Indices from Generalized Einstein Theories," *Physical Review D* 52 (1995): 4295–4306, https://arxiv.org/abs/astro-ph/9408044.

3. Rates of preprints derived from data available at https://arxiv .org (accessed 24 October 2018).

4. See, e.g., Max Jammer, *Concepts of Mass in Classical and Modern Physics* (Cambridge, MA: Harvard University Press, 1961); and Max Jammer, *Concepts of Mass in Contemporary Physics and Philosophy* (Princeton: Princeton University Press, 2000).

5. For an accessible introduction to Mach's principle, see Clifford Will, *Was Einstein Right? Putting General Relativity to the Test*, 2nd ed. (New York: Basic, 1993), 149–53. See also Julian Barbour and Herbert Pfister, eds., *Mach's Principle: From Newton's Bucket to Quantum Gravity* (Boston: Birkhäuser, 1995). On Mach's influences on Einstein, see esp. Gerald Holton, "Mach, Einstein, and the Search for Reality," in *Thematic Origins of Scientific Thought: Kepler to Einstein*, 2nd ed. (Cambridge, MA: Harvard University Press, 1998), chap. 7; Carl Hoefer, "Einstein's Struggle for a Machian Gravitation Theory," *Studies in History and Philosophy of Science* 25 (1994): 287–335; and Michel Janssen, "Of Pots and Holes: Einstein's Bumpy Road to General Relativity," *Annalen der Physik* 14 Suppl. (2005): 58–85.

6. See, e.g., Laurie Brown, Max Dresden, and Lillian Hoddeson, eds., *Pions to Quarks: Particle Physics in the 1950s* (New York: Cambridge University Press, 1989); Laurie Brown and Helmut Rechenberg, *The Origin of the Concept of Nuclear Forces* (Philadelphia: Institute of Physics Publishing, 1996); and Lillian Hoddeson, Laurie Brown, Michael Riordan, and Max Dresden, eds., *The Rise of the Standard Model: Particle Physics in the 1960s and 1970s* (New York: Cambridge University Press, 1997).

7. Carl H. Brans, "Mach's Principle and a Varying Gravitational Constant" (PhD diss., Princeton University, 1961); Carl H. Brans and Robert H. Dicke, "Mach's Principle and a Relativistic Theory of Gravitation," *Physical Review* 124 (1961): 925–35. On the Caltech group, see Will, *Was Einstein Right?*, 156. Other physicists had introduced similar modifications to general relativity before the Brans-Dicke work, though the earlier efforts had not attracted widespread attention within the community. See Hubert Goenner, "Some Remarks on the Genesis of Scalar-Tensor Theories," *General Relativity and Gravitation* 44 (2012): 2077, https://arxiv.org/abs/1204.3455; and Carl H. Brans, "Varying Newton's Constant: A Personal History of Scalar-Tensor Theories," *Einstein Online* 04 (2010): 1002.

8. Jeffrey Goldstone, "Field Theories with 'Superconductor' Solutions," *Nuovo cimento* 19 (1961): 154–64. See also Laurie Brown and Tian-Yu Cao, "Spontaneous Breakdown of Symmetry: Its Rediscovery and Integration into Quantum Field Theory," *Historical Studies in the Physical and Biological Sciences* 21 (1991): 211–35; and Laurie Brown, Robert Brout, Tian Yu Cao, Peter Higgs, and Yoichiro Nambu, "Panel Session: Spontaneous Breaking of Symmetry," in Hoddeson et al., *Rise of the Standard Model*, 478–522.

9. Peter W. Higgs, "Broken Symmetries, Massless Particles, and Gauge Fields," *Physics Letters B* 12 (1964): 132–33; Peter W. Higgs, "Broken Symmetries and the Masses of Gauge Bosons," *Physical Review Letters* 13 (1964): 508–9; and Peter W. Higgs, "Spontaneous Symmetry Breakdown without Massless Bosons," *Physical Review* 145 (1966): 1156–63.

10. See https://inspirehep.net.

11. These statistics concern citations within the Web of Knowledge database (formerly the Science Citation Index) to the 1961 Brans-Dicke article and to either of Higgs's 1964 articles and/or his 1966 article; during this period, physicists tended to cite some or all the Higgs papers together. I tracked citations using Web of Knowledge rather than the high-energy physics database Inspire because during

the early 1960s, coverage within Inspire tended to focus more nar-
rowly around particle physics rather than gravitation and cosmology.
Nonetheless, by October 2018, Inspire included 2,998 citations to the
1961 Brans-Dicke paper, while Higgs's 1964 papers have accumulated
4,893 and 4,192 citations within the Inspire database (respectively),
and his 1966 paper has 2,867 citations within Inspire. At that time,
Inspire included citation statistics on more than 1 million articles,
only 123 of which had been cited 2,998 times or more. See https://
inspirehep.net/search?of=hcs&action_search=Search (accessed 24
October 2018).

12. Similarly, although Goldstone's 1961 article on spontaneous
symmetry breaking received 487 citations within the Web of Knowl-
edge database between 1961 and 1981, only one paper cited both the
Brans-Dicke and Goldstone papers during that period.

13. Physics Survey Committee, *Physics: Survey and Outlook* (Wash-
ington, DC: National Academy of Sciences, 1966), 38–45, 52, 95, 111.

14. Cf., e.g., Y. B. Zel'dovich and I. D. Novikov, *Relativistic Astro-
physics*, vol. 2, trans. Leslie Fishbone (1975; Chicago: University of Chi-
cago Press, 1983), with Steven Weinberg, *Gravitation and Cosmology*
(New York: Wiley, 1972).

15. David Gross and Frank Wilczek, "Ultraviolet Behavior of Non-
abelian Gauge Theories," *Physical Review Letters* 30 (1973): 1343–46;
David Gross and Frank Wilczek, "Asymptotically Free Gauge Theo-
ries, I," *Physical Review D* 8 (1973): 3633–52; David Gross and Frank
Wilczek, "Asymptotically Free Gauge Theories, II," *Physical Review D*
9 (1974): 980–93; H. David Politzer, "Reliable Perturbative Results for
Strong Interactions?," *Physical Review Letters* 30 (1973): 1346–49; and
H. David Politzer, "Asymptotic Freedom: An Approach to Strong Inter-
actions," *Physics Reports* 14 (1974): 129–80.

16. Howard Georgi and Sheldon Glashow, "Unity of All Elementary
Particle Forces," *Physical Review Letters* 32 (1974): 438–41. See also
Jogesh Pati and Abdus Salam, "Unified Lepton-Hadron Symmetry and
a Gauge Theory of the Basic Interactions," *Physical Review D* 8 (1973):
1240–51.

17. See, e.g., Heinz Pagels, *The Cosmic Code: Quantum Physics as the
Language of Nature* (New York: Bantam, 1982), 275–77; Paul Davies,
God and the New Physics (New York: Penguin, 1984), 159–60; John
Gribben, *In Search of the Big Bang: Quantum Physics and Cosmology*
(New York: Bantam, 1986), 293, 307, 312, 321, 345; Robert Adair, *The
Great Design: Particles, Fields, and Creation* (New York: Oxford Uni-
versity Press, 1987), 357; Alan Guth, "Starting the Universe: The Big

Bang and Cosmic Inflation," in *Bubbles, Voids, and Bumps in Time: The New Cosmology*, ed. J. Cornell (New York: Cambridge University Press, 1989), 105–6; Edward W. Kolb, *Blind Watchers of the Sky: The People and Ideas That Shaped Our View of the Universe* (Reading, MA: Addison-Wesley, 1996), 277–80; and Brian Greene, *The Elegant Universe: Superstrings, Hidden Dimensions, and the Quest for the Ultimate Theory* (New York: W. W. Norton, 1999), 177. See also Marcia Bartusiak, *Thursday's Universe: A Report from the Frontier on the Origin, Nature, and Destiny of the Universe* (New York: Times Books, 1986), 227; Timothy Ferris, *Coming of Age in the Milky Way* (New York: Anchor, 1988), 336–37; and Dennis Overbye, *Lonely Hearts of the Cosmos: The Story of the Scientific Quest for the Secret of the Universe* (New York: HarperCollins, 1991), 204, 234.

18. David Schramm, "Cosmology and New Particles," in *Particles and Fields, 1977*, ed. P. A. Schreiner, G. H. Thomas, and A. B. Wicklund (New York: American Institute of Physics, 1978), 87–101; Gary Steigman, "Cosmology Confronts Particle Physics," *Annual Review of Nuclear and Particle Science* 29 (1979): 313–37; and R. J. Tayler, "Cosmology, Astrophysics, and Elementary Particle Physics," *Reports on Progress in Physics* 43 (1980): 253–99. Steigman makes passing reference in his introduction to the new work on grand unification but explicitly labels GUTs as "beyond the scope of this review" (328, 336). Georgi and Glashow's (now-famous) 1974 paper on GUTs ("Unity of All Elementary Particle Forces") received fewer than 50 citations worldwide per year between 1974 and 1978, rapidly rising to more than 200 citations per year beginning in 1980. Anthony Zee likewise recalls that GUTs received little attention, even from particle theorists, until the very end of the 1970s: Anthony Zee, *An Old Man's Toy: Gravity at Work and Play in Einstein's Universe* (New York: Macmillan, 1989), 117.

19. David Kaiser, "Cold War Requisitions, Scientific Manpower, and the Production of American Physicists after World War II," *Historical Studies in the Physical and Biological Sciences* 33 (2002): 131–59; and David Kaiser, "Booms, Busts, and the World of Ideas: Enrollment Pressures and the Challenge of Specialization," *Osiris* 27 (2012): 276–302. See also Daniel Kevles, *The Physicists: The History of a Scientific Community in Modern America*, 3rd ed. (Cambridge, MA: Harvard University Press, 1995), chaps. 24–25.

20. Kevles, *Physicists*, 421.

21. Physics Survey Committee, *Physics in Perspective* (Washington, DC: National Academy of Sciences, 1972), 1:367; and Physics Survey

Committee, *Physics through the 1990s: An Overview* (Washington, DC: National Academy Press, 1986), 98.

22. Physics Survey Committee, *Physics in Perspective*, 1:119.

23. Arthur Beiser to Malcolm Johnson, 14 April 1959, in LIS box 12, folder "Yilmaz: Relativity" ("not a vast market"). Figures on textbook publications come from keyword and call-number searches in the online catalog of the US Library of Congress: http://www.loc .gov. On Feynman's idiosyncratic Caltech course on gravitation, see David Kaiser, "A *Psi* Is Just a *Psi*? Pedagogy, Practice, and the Reconstitution of General Relativity, 1942–1975," *Studies in the History and Philosophy of Modern Physics* 29 (1998): 321–38. See also Achilleus Papetrou, *Lectures on General Relativity* (Boston: Reidel, 1974).

24. Anthony Zee, "Broken-Symmetric Theory of Gravity," *Physical Review Letters* 42 (1979): 417–21; and Lee Smolin, "Towards a Theory of Spacetime Structure at Very Short Distances," *Nuclear Physics B* 160 (1979): 253–68.

25. Yasunori Fujii, "Scalar-Tensor Theory of Gravitation and Spontaneous Breakdown of Scale Invariance," *Physical Review D* 9 (1974): 874–76; F. Englert, E. Gunzig, C. Truffin, and P. Windey, "Conformal Invariant General Relativity with Dynamical Symmetry Breakdown," *Physics Letters B* 57 (1975): 73–77; P. Minkowski, "On the Spontaneous Origin of Newton's Constant," *Physics Letters B* 71 (1977): 419–21; T. Matsuki, "Effects of the Higgs Scalar on Gravity," *Progress of Theoretical Physics* 59 (1978): 235–41; and E. M. Chudnovskii, "Spontaneous Breaking of Conformal Invariance and the Higgs Mechanism," *Theoretical and Mathematical Physics* 35 (1978): 538–39.

26. Zee and Smolin parameterized their gravitational equations slightly differently than Brans and Dicke had done. They followed the usual convention in particle physics of giving scalar fields the dimension of *mass* (for theories defined in four spacetime dimensions). In these units, Newton's gravitational constant G has units $1/(mass)^2$, and hence Zee and Smolin each set G equal to the inverse square of their scalar field rather than to the inverse as in the original Brans-Dicke work.

27. Anthony Zee to John Wheeler, February 1977, included in "Wheeler Family Gathering," vol. 2 (a collection of reminiscences by Wheeler's former students), a copy of which is available in the Niels Bohr Library, call number AR167, American Institute of Physics, College Park, MD; and Anthony Zee, telephone interview with the author, 16 May 2005.

28. Lee Smolin, interview with the author, MIT, 1 December 2004.

See also Lee Smolin, *The Life of the Cosmos* (New York: Oxford University Press, 1997), 7–8, 50; and Lee Smolin, "A Strange Beautiful Girl in a Car," in *Curious Minds: How a Child Becomes a Scientist*, ed. John Brockman (New York: Random House, 2004), 71–78. On Coleman's Harvard course on general relativity, see Kaiser, "A *Psi* Is Just a *Psi*?," 331–33.

29. Edward W. Kolb and Michael S. Turner, *The Early Universe* (Reading, MA: Addison-Wesley, 1990). See also David Kaiser, "Whose Mass Is It Anyway? Particle Cosmology and the Objects of Theory," *Social Studies of Science* 36 (2006): 533–64, on 549–50. On the founding of the Center for Particle Astrophysics at Fermilab, see also Overbye, *Lonely Hearts of the Cosmos*, 206–11; and Steve Nadis, "The Lost Years of Michael Turner," *Astronomy* 32 (April 2004): 44–49, on 48.

30. To be fair, my earlier assumption—like that of the other physicists who had considered models that combined a Brans-Dicke-like gravitational coupling to a Higgs-like field—was that the Higgs field would be associated with some higher-energy symmetry breaking, perhaps at the GUT scale. Hence, I had been focused on different ranges of the various parameters rather than considering the Standard Model Higgs field. See also David Kaiser, "Nonminimal Couplings in the Early Universe: Multifield Models of Inflation and the Latest Observations," in *At the Frontier of Spacetime: Scalar-Tensor Theory, Bell's Inequality, Mach's Principle, Exotic Smoothness*, ed. T. Asselmeyer-Maluga (New York: Springer, 2016), 41–57, http://arxiv.org/abs/1511 .09148.

14. 寻找外星人

A version of this essay originally appeared in *London Review of Books* 32 (8 July 2010): 34–35.

1. Ki Mae Heussner, "Stephen Hawking: Alien Contact Could Be Risky," 26 April 2010, ABCNews.com.

2. Steven J. Dick, *Life on Other Worlds: The Twentieth Century Extraterrestrial Life Debate* (New York: Cambridge University Press, 2001).

3. Giuseppe Cocconi and Philip Morrison, "Searching for Interstellar Communications," *Nature* 184 (19 September 1959): 844–46.

4. Cocconi and Morrison, "Searching for Interstellar Communications."

5. Cocconi and Morrison, "Searching for Interstellar Communications."

6. Silvan S. Schweber, *In the Shadow of the Bomb: Oppenheimer,*

Bethe, and the Moral Responsibility of the Scientist (Princeton: Princeton University Press, 2000), 130–45.

7. Frank Drake and Dava Sobel, *Is Anyone Out There? The Scientific Search for Extraterrestrial Intelligence* (New York: Delacorte, 1992).

8. Paul Davies, *The Eerie Silence: Renewing Our Search for Alien Intelligence* (Boston: Houghton Mifflin, 2010).

9. Davies, *Eerie Silence*, 175.

10. Jennifer Burney, "The Search for Extraterrestrial Intelligence: Changing Science Here on Earth" (AB thesis, Harvard University, 1999).

11. Burney, "Search for Extraterrestrial Intelligence," 78–84. On more recent efforts, see, e.g., Chelsea Gohd, "Breakthrough Listen Launches New Search for E.T. across Millions of Stars," 8 May 2018, Space.com.

12. Burney, "Search for Extraterrestrial Intelligence," chap. 4.

13. Davies, *Eerie Silence*, 198.

14. Peter Galison and Robb Moss, *Containment* (documentary film, 2015), http://www.containmentmovie.com.

15.《引力》令人着迷

A version of this essay originally appeared in *Isis* 103 (March 2012): 126–38.

1. Charles W. Misner, Kip S. Thorne, and John A. Wheeler, *Gravitation* (San Francisco: W. H. Freeman, 1973). On nicknames for the book, see, e.g., "Chicago Undergraduate Physics Bibliography," accessed 8 July 2011, http://www.ocf.berkeley.edu/~abhishek/chicphys.htm.

2. For succinct introductions to the early history of Einstein's work on general relativity, see Michel Janssen, "'No Success like Failure': Einstein's Quest for General Relativity," in *The Cambridge Companion to Einstein*, ed. Michel Janssen and Christoph Lehner (New York: Cambridge University Press, 2014), 167–227; Hanoch Gutfreund and Jürgen Renn, *The Road to Relativity: The History and Meaning of Einstein's "The Foundation of General Relativity"* (Princeton: Princeton University Press, 2015); Michel Janssen and Jürgen Renn, "Arch and Scaffold: How Einstein Found His Field Equations," *Physics Today* 68, no. 11 (November 2015): 30–36; and Matthew Stanley, *Einstein's War: How Relativity Triumphed amid the Vicious Nationalism of World War I* (New York: Dutton, 2019).

3. Albert Einstein, foreword to Peter G. Bergmann, *Introduction to the Theory of Relativity* (New York: Prentice-Hall, 1942), v. On Edding-

ton's eclipse expedition and the early reception of general relativity, see Jean Eisenstaedt, *The Curious History of Relativity: How Einstein's Theory of Gravity Was Lost and Found Again* (Princeton: Princeton University Press, 2006); Jeffrey Crelinstein, *Einstein's Jury: The Race to Test Relativity* (Princeton: Princeton University Press, 2006); Matthew Stanley, *Practical Mystic: Religion, Science, and A. S. Eddington* (Chicago: University of Chicago Press, 2007), chap. 3; Hanoch Gutfreund and Jürgen Renn, *The Formative Years of Relativity: The History and Meaning of Einstein's Princeton Lectures* (Princeton: Princeton University Press, 2017); Daniel Kennefick, *No Shadow of a Doubt: The 1919 Eclipse That Confirmed Einstein's Theory of Relativity* (Princeton: Princeton University Press, 2019); and Stanley, *Einstein's War*.

4. On the return of general relativity to physics departments' course offerings during the 1950s and 1960s, see David Kaiser, "A *Psi* Is Just a *Psi*? Pedagogy, Practice, and the Reconstitution of General Relativity, 1942–1975," *Studies in the History and Philosophy of Modern Physics* 29 (1998): 321–38; Daniel Kennefick, *Traveling at the Speed of Thought: Einstein and the Quest for Gravitational Waves* (Princeton: Princeton University Press, 2007), chap. 6; and Alexander Blum, Roberto Lalli, and Jürgen Renn, "The Reinvention of General Relativity: A Historiographical Framework for Assessing One Hundred Years of Curved Space-Time," *Isis* 106 (September 2015): 598–620. On Wheeler as an effective mentor, see Charles W. Misner, Kip S. Thorne, and Wojciech H. Zurek, "John Wheeler, Relativity, and Quantum Information," *Physics Today* 62, no. 4 (April 2009): 40–46; and Terry M. Christensen, "John Wheeler's Mentorship: An Enduring Legacy," *Physics Today* 62, no. 4 (April 2009): 55–59.

5. Steven Weinberg, *Gravitation and Cosmology: Principles and Applications of the General Theory of Relativity* (New York: Wiley, 1972); and S. W. Hawking and G. F. R. Ellis, *The Large Scale Structure of Space-Time* (New York: Cambridge University Press, 1973).

6. John Wheeler, handwritten notes, "Thoughts on preface, Mon., 13 July 1970," in JAW series IV, box F-L, folder "Gravitation: Notes with Charles W. Misner and Kip S. Thorne" ("committee planning graduate courses"). See also form letter from Misner, Thorne, and Wheeler to colleagues announcing forthcoming publication of the book, 13 June 1973, in KST folder "MTW: Sample pages."

7. John Wheeler, handwritten notes, page for insertion into draft of preface, n.d. (late August 1970) ("third channel of pedagogy"), and Wheeler, handwritten notes, "Plan of Book, Sat., 18 July 1970" ("*test a write up*" [emphasis in original]), both in JAW series IV, box F-L,

folder "Gravitation: Notes with Charles W. Misner and Kip S. Thorne."
On sidebars in more elementary physics textbooks, see Sharon Tra-
week, *Beamtimes and Lifetimes: The World of High-Energy Physicists*
(Cambridge, MA: Harvard University Press, 1988), 76–81.

8. Kip Thorne to Earl Tondreau (editor at W. H. Freeman), 14 Octo-
ber 1970, in KST folder "MTW: Correspondence, 1970–May, 1973"
("several features," typefaces). See also Thorne to Robert Ishikawa and
Aidan Kelley (W. H. Freeman), 28 January 1971, in KST folder "MTW";
and Evan Gillespie (W. H. Freeman) to Kip Thorne, 29 November 1972,
in KST folder "MTW: Publishing company, 1970–71, 1971–72."

9. Kip Thorne to Y. B. Zel'dovich and I. D. Novikov, 21 June 1973, in
KST folder "MTW: Correspondence, June, 1973–."

10. Thorne to Ishikawa and Kelley, 28 January 1971 ("dependency
statements").

11. Kip Thorne to John Wheeler and Charles Misner, with cc to
Bruce Armbruster, 17 February 1972, in KST folder "MTW: Correspon-
dence, 1970–May, 1973."

12. Thorne to Wheeler and Misner with cc to Armbruster, 17 Feb-
ruary 1972. See also Misner, Thorne, and Wheeler, form letter to col-
leagues, 13 June 1973.

13. Thorne to Bruce Armbruster, 10 April 1973 (royalty rates,
pricing vis-à-vis Weinberg's book, "capture one hundred percent"),
in KST folder "MTW: Publishing company, 1970–71, 1971–72." On
pricing, see also Thorne to Richard Warrington (president), Peter
Renz (science editor), and Lew Kimmick (financial manager) at
W. H. Freeman, 14 February 1979, in JAW series II, box Fr-Gl, folder
"W. H. Freeman and Co., Publishers"; Thorne to Wheeler and Misner,
2 November 1972, in KST folder "MTW"; Misner to Wheeler and
Thorne, 18 November 1982, in KST folder "MTW" (copy also in JAW
series II, box Fr-Gl, folder "W. H. Freeman and Co., Publishers"); and
royalty statement from June 1993, in KST folder "MTW: Royalty
statements."

14. Dennis Sciama, "Modern View of General Relativity," *Science*
183 (22 March 1974): 1186 ("pedagogic masterpiece"); Michael Berry,
review in *Science Progress* 62, no. 246 (1975): 356–60, on 360 ("Alad-
din's cave"); and David Park, "Ups and Downs of 'Gravitation,'" *Wash-
ington Post*, 21 April 1974, 4 ("three highly inventive people"). See
also D. Allan Bromley, review in *American Scientist* (January–February
1974): 101–2.

15. L. Resnick, review in *Physics in Canada*, June 1975, clipping
in KST folder "MTW: Reviews" ("difficult book to read"); S. Chandra-

sekhar, "A Vast Treatise on General Relativity," *Physics Today*, August 1974, 47–48, on 48 ("needless repetition"); and W. H. McCrea, review in *Contemporary Physics* 15, no. 4 (July 1974), clipping in KST folder "MTW: Reviews" ("variety of gimmicks").

16. John Wheeler, handwritten notes, "Thoughts on preface, Mon., 13 July 1970" ("make clear the idea"). On Wheeler's style, see also John A. Wheeler with Kenneth Ford, *Geons, Black Holes, and Quantum Foam: A Life in Physics* (New York: W. W. Norton, 1998); and Misner, Thorne, and Zurek, "John Wheeler, Relativity, and Quantum Information."

17. Sciama, "Modern View of General Relativity," 1186 ("prose style"); Resnick, review in *Physics in Canada* ("commendable attempt"); and J. Bicak, review in *Bulletin of the Astronomical Institute of Czechoslovakia* 26, no. 6 (1975): 377–78 ("A 'poetical' style").

18. Alan Farmer, review in *Journal of the British Interplanetary Society* 27 (1974): 314–15, on 314 ("comes dangerously close"); and Ian Roxburgh, "Geometry Is All, or Is It?," *New Scientist*, 26 September 1974, 828 ("a regular subscriber").

19. Chandrasekhar, "A Vast Treatise on General Relativity," 48; and Thorne to Chandrasekhar, 21 June 1974, in KST folder "MTW: Reviews." On Chandrasekhar's career, see K. C. Wali, *Chandra: A Biography of S. Chandrasekhar* (Chicago: University of Chicago Press, 1991); and Arthur I. Miller, *Empire of the Stars: Obsession, Friendship, and Betrayal in the Quest for Black Holes* (Boston: Houghton Mifflin, 2005).

20. Kip Thorne to Peter Renz, 15 June 1983, in KST folder "MTW" ("large fraction"); and Thorne to Warrington, Renz, and Kimmick, 14 February 1979, on annual sales of *Gravitation* and Weinberg's textbook.

21. Sales figures from royalty statement of June 1993 in KST folder "MTW: Royalty statements." On PhD conferral rates, see David Kaiser, "Cold War Requisitions, Scientific Manpower, and the Production of American Physicists after World War II," *Historical Studies in the Physical and Biological Sciences* 33 (2002): 131–59; and David Kaiser, "Booms, Busts, and the World of Ideas: Enrollment Pressures and the Challenge of Specialization," *Osiris* 27 (2012): 276–302.

22. Kip Thorne to Peter Renz, 10 August 1983, in KST folder "MTW."

23. Park, "Ups and Downs of 'Gravitation,'" 4.

24. Robert Pincus, "Gravity Theory Excites the Mind," clipping in KST folder "MTW: Reviews." The clipping does not indicate date, pub-

lication title, or page number, but advertisements on the same page as the review clearly indicate that the newspaper was based in San Antonio, Texas.

25. See, e.g., Andrzej Trautman to Charles Misner, Kip Thorne, and John Wheeler, 10 January 1974, in KST folder "MTW"; Heinz Pagels to Wheeler, 1 February 1974, in KST folder "MTW Reviews"; Philip B. Burt to Wheeler, 12 November 1974, in KST folder "MTW"; and Robert Rabinoff to Misner, Thorne, and Wheeler, 10 March 1978, in KST folder "MTW: Reviews."

26. Luigi Vignato to Charles Misner, Kip Thorne, and John Wheeler, 20 July 1976, in KST folder "MTW: Correspondence, June, 1973–"; and Wheeler to Vignato, 2 August 1976, in the same folder. Wheeler did not directly address Vignato's question, but he did enclose a preprint of his recent essay: John Wheeler, "Genesis and Observership," in *Foundational Problems in the Special Sciences*, ed. Robert E. Butts and Jaakko Hintikka (Boston: Reidel, 1977), 3–33.

27. Jadoul Michel to Charles Misner, Kip Thorne, and John Wheeler, August 1983, in KST folder "MTW."

28. Dan Foley to Kip Thorne, 7 February 1980, in KST folder "MTW." See also Thorne to Foley, 27 February 1980, in the same folder.

29. John Wheeler to Peter Renz, 28 June 1979, in KST folder "MTW"; copy also in JAW series II, box Fr-Gl, folder "W. H. Freeman and Co. Publishers."

30. Charles W. Misner, Kip S. Thorne, and John A. Wheeler, *Gravitation* (repr., Princeton: Princeton University Press, 2017).

16. 宇宙进化之争

A version of this essay originally appeared in *American Scientist* 95 (November–December 2007): 518–25.

1. On various fragments attributed to Heraclitus, especially regarding the nature of change, see Daniel W. Graham, "Heraclitus," in *Stanford Encyclopedia of Philosophy* (Fall 2015 ed.), sec. 3.1 ("flux"), https://plato.stanford.edu/archives/fall2015/entries/heraclitus.

2. Christopher Smeenk, "Einstein's Role in the Creation of Relativistic Cosmology," in *The Cambridge Companion to Einstein*, ed. Michel Janssen and Christoph Lehner (New York: Cambridge University Press, 2014), 228–69.

3. Helge Kragh, *Cosmology and Controversy: The Historical Development of Two Theories of the Universe* (Princeton: Princeton University Press, 1996), chap. 2; and Eduard Tropp, Viktor Y. Frenkel, and Artur

Chernin, *Alexander A. Friedmann: The Man Who Made the Universe Expand* (New York: Cambridge University Press, 2006).

4. Kragh, *Cosmology and Controversy*, chap. 2. See also Dominique Lambert, *The Atom of the Universe: The Life and Work of Georges Lemaître*, trans. Luc Ampleman (New York: Copernicus Center Press, 2015); and Helge Kragh and Robert W. Smith, "Who Discovered the Expanding Universe?," *History of Science* 41 (2003): 141–62. On Lemaître, Hubble, and the early interpretations of Hubble's data in terms of cosmic expansion, see also Mario Livio, "Mystery of the Missing Text Solved," *Nature* 479 (10 November 2011): 171–73; and Elizabeth Gibney, "Belgian Priest Recognized in Hubble-Law Name Change," *Nature*, 30 October 2018, https://www.nature.com/articles/d41586-018-07234-y.

5. Quoted in Kragh, *Cosmology and Controversy*, 48–49.

6. Quoted in Kragh, *Cosmology and Controversy*, 46 (Eddington), 56 (Tolman). On Eddington's approach, see also Matthew Stanley, *Practical Mystic: Religion, Science, and A. S. Eddington* (Chicago: University of Chicago Press, 2007).

7. Edward Larson, *Summer for the Gods: The Scopes Trial and America's Continuing Debate over Science and Religion* (New York: Basic, 1997); and Adam Shapiro, *Trying Biology: The Scopes Trial, Textbooks, and the Antievolution Movement in American Schools* (Chicago: University of Chicago Press, 2013).

8. "Topics of the Times," *New York Times*, 6 February 1923, 18; Simeon Strunsky, "About Books, *More or Less*: Excessively Up to Date," *New York Times*, 29 April 1928, BR3; "By-Products: In the Matter of Einstein, Tea-Kettles, Destiny, &c.," *New York Times*, 22 March 1931, E1; and "Improving on Relativity," *New York Times*, 15 March 1939, 18.

9. On the Hopkins Applied Physics Laboratory, see Michael Aaron Dennis, "'Our First Line of Defense': Two University Laboratories in the Postwar American State," *Isis* 85 (1994): 427–55.

10. Kragh, *Cosmology and Controversy*, chap. 3.

11. George Gamow, *The Creation of the Universe* (New York: Viking, 1952); and George Gamow, "The Role of Turbulence in the Evolution of the Universe," *Physical Review* 86 (1952): 251.

12. Kragh, *Cosmology and Controversy*, chap. 4.

13. Fred Hoyle, *The Nature of the Universe* (New York: Harper, 1950). See also Helge Kragh, "Naming the Big Bang," *Historical Studies in the Natural Sciences* 44 (2012): 3–36.

14. Ronald Numbers, *The Creationists* (New York: Knopf, 1992), chap. 10.

15. Kragh, *Cosmology and Controversy*, chap. 7; and Steven Weinberg, *The First Three Minutes* (New York: Basic, 1977).

16. Dean Rickles, *A Brief History of String Theory* (New York: Springer, 2014). See also Brian Greene, *The Elegant Universe: Superstrings, Hidden Dimensions, and the Quest for the Ultimate Theory* (New York: W. W. Norton, 1999).

17. Lee Smolin, *The Trouble with Physics: The Rise of String Theory, the Fall of a Science, and What Comes Next* (Boston: Houghton Mifflin, 2006). See also Peter Woit, *The Failure of String Theory and the Search for Unity in Physical Law* (New York: Basic, 2006).

18. See, e.g., Lisa Randall, *Warped Passages: Unraveling the Mysteries of the Universe's Hidden Dimensions* (New York: Ecco, 2005).

19. Leonard Susskind, *The Cosmic Landscape: String Theory and the Illusion of Intelligent Design* (New York: Little, Brown, 2005).

20. "Billionaires: The Richest People in the World," *Forbes*, 5 March 2019, https://www.forbes.com/billionaires/#3e3f70c1251c.

21. For an accessible introduction to inflationary cosmology, see Alan Guth, *The Inflationary Universe: The Quest for a New Theory of Cosmic Origins* (New York: Basic, 1997).

22. Susskind, *Cosmic Landscape*; and Alexander Vilenkin, *Many Worlds in One: The Search for Other Universes* (New York: Farrar, Straus, and Giroux, 2007). On earlier discussions of the "anthropic principle" in physics, see John Barrow and Frank Tipler, eds., *The Anthropic Cosmological Principle* (New York: Oxford University Press, 1986).

23. Bernard le Bovier de Fontenelle, *Conversations on the Plurality of Worlds* (1686), trans. H. A. Hargreaves (Berkeley: University of California Press, 1990); and Isaac Newton, *Four Letters from Sir Isaac Newton to Doctor Bentley, Containing Some Arguments in Proof of a Deity* (London: R. and J. Dodsley, 1756). See also Rob Iliffe, "The Religion of Isaac Newton," in *The Cambridge Companion to Newton*, 2nd ed. (New York: Cambridge University Press, 2016), 485–523.

24. Susskind, *Cosmic Landscape*, vii.

25. See, e.g., Dennis Overbye, "Zillions of Universes? Or Did Ours Get Lucky?," *New York Times*, 28 October 2003.

26. Bacon quoted in James Glanz, "Science vs. the Bible: Debate Moves to the Cosmos," *New York Times*, 10 October 1999.

27. Laurie Goodstein, "Judge Rejects Teaching Intelligent Design," *New York Times*, 21 December 2005; and Andrew Revkin, "A Young Bush Appointee Resigns His Post at NASA," *New York Times*, 8 February 2006. See also John Brockman, ed., *Intelligent Thought: Science versus the Intelligent Design Movement* (New York: Vintage, 2006).

28. Numbers, *Creationists*, chap. 9.

29. David F. Coppedge, "State of the Cosmos Address Offered," 21 February 2005, https://crev.info/2005/02/state_of_the_cosmos _address_offered. Cf. Alan Guth and David Kaiser, "Inflationary Cosmology: Exploring the Universe from the Smallest to the Largest Scales," *Science* 307 (11 February 2005): 884–90, https://arxiv.org/abs /astro-ph/0502328.

17. 不再孤独的心

A version of this essay originally appeared in *London Review of Books* 33 (17 February 2011): 36–37.

1. Dennis Overbye, *Lonely Hearts of the Cosmos: The Scientific Quest for the Secret of the Universe* (New York: HarperCollins, 1991).

2. On the *COBE* mission, see, e.g., George Smoot with Keay Davidson, *Wrinkles in Time* (New York: William Morrow, 1993).

3. The numerical values quoted here come from N. Aghanim et al. (*Planck* Collaboration), "*Planck* 2018 Results, VI: Cosmological Parameters," http://arxiv.org/abs/1807.06209. After the *Planck* team released its 2015 measurements, other groups, using observations of distinct astrophysical phenomena (such as supernovae), have measured a value for the Hubble expansion rate that differs by about 8 percent from the *Planck* value. Whether the distinct measurements will eventually converge or whether the modest discrepancy points to some new, unexplained physics remains to be seen. See Joshua Sokol, "Hubble Trouble," *Science*, 10 March 2017, 1010–14.

4. For an accessible introduction, see, e.g., David Weintraub, *How Old Is the Universe?* (Princeton: Princeton University Press, 2010).

5. Penrose describes much of this work in Roger Penrose, *Cycles of Time* (New York: Knopf, 2010).

6. Aaron Wright, "The Origins of Penrose Diagrams in Physics, Art, and the Psychology of Perception, 1958–1962," *Endeavor* 37, no. 3 (2013): 133–39. See also Aaron Wright, "The Advantages of Bringing Infinity to a Finite Place: Penrose Diagrams as Objects of Intuition," *Historical Studies in the Natural Sciences* 44, no. 2 (2014): 99–139.

7. Lisa Randall, *Warped Passages: Unraveling the Mysteries of the Universe's Hidden Dimensions* (New York: Ecco, 2005).

8. V. G. Gurzadyan and R. Penrose, "Concentric Circles in WMAP Data May Provide Evidence of Violent Pre-Big-Bang Activity," http:// arxiv.org/abs/1011.3706; and V. G. Gurzadyan and R. Penrose, "More

on the Low Variance Circles in CMB Sky," http://arxiv.org/abs/1012
.1486. Penrose has continued to investigate these ideas: V. G. Gurzad-
yan and R. Penrose, "CCC-Predicted Low-Variance Circles in CMB Sky
and LCDM," http://arxiv.org/abs/1104.5675; V. G. Gurzadyan and
R. Penrose, "On CCC-Predicted Concentric Low-Variance Circles in the
CMB Sky," *European Physical Journal Plus* 128 (2013): 22, http://arxiv
.org/abs/1302.5162; V. G. Gurzadyan and R. Penrose, "CCC and the
Fermi Paradox," *European Physical Journal Plus* 131 (2016): 11, http://
arxiv.org/abs/1512.00554; and Roger Penrose, "Correlated 'Noise' in
LIGO Gravitational Wave Signals: An Implication of Conformal Cyclic
Cosmology," http://arxiv.org/abs/1707.04169. For the early responses
that found no support for Penrose's model within the *WMAP* data,
see Adam Moss, Douglas Scott, and James Zibin, "No Evidence for
Anomalously Low Variance Circles on the Sky," *Journal of Cosmology
and Astro–Particle Physics* 1104 (2011): 033, http://arxiv.org/abs/1012
.1305; I. K. Wehus and H. K. Eriksen, "A Search for Concentric Circles
in the 7-Year WMAP Temperature Sky Maps," *Astrophysical Journal*
733 (2011): L29, http://arxiv.org/abs/1012.1268; and Amir Hajian,
"Are There Echoes from the Pre–Big Bang Universe? A Search for Low
Variance Circles in the CMB Sky," *Astrophysical Journal* 740 (2011): 52,
http://arxiv.org/abs/1012.1656.

18. 从引力波中学到的

A version of this essay originally appeared in *New York Times*, 3 Octo-
ber 2017.

1. B. P. Abbott et al. (LIGO Scientific Collaboration and Virgo Col-
laboration), "Observation of Gravitational Waves from a Binary Black
Hole Merger," *Physical Review Letters* 116 (2016): 061102, http://arxiv
.org/abs/1602.03837. See also Janna Levin, *Black Hole Blues, and
Other Songs from Outer Space* (New York: Knopf, 2016); Stefan Helm-
reich, "Gravity's Reverb: Listening to Space-Time, or Articulating
the Sounds of Gravitational-Wave Detection," *Cultural Anthropology*
31 (2016): 464–92; and Harry Collins, *Gravity's Kiss: The Detection of
Gravitational Waves* (Cambridge, MA: MIT Press, 2017).

2. Daniel Kennefick, *Traveling at the Speed of Thought: Einstein and
the Quest for Gravitational Waves* (Princeton: Princeton University
Press, 2007).

3. See esp. Harry Collins, *Gravity's Shadow: The Search for Gravita-
tional Waves* (Chicago: University of Chicago Press, 2004), pt. 1.

4. Collins, *Gravity's Shadow*, chap. 17.

5. Charles W. Misner, Kip S. Thorne, and John A. Wheeler, *Gravitation* (San Francisco: W. H. Freeman, 1973), 1014–18.

6. Weiss's proposals and interim progress reports to the National Science Foundation, as quoted in Collins, *Gravity's Shadow*, 280 ("Gravitation research"), 287 ("slowly come to the realization").

7. Collins, *Gravity's Shadow*, pt. 4. On the complicated process of selecting sites for the LIGO project, see also Tiffany Nichols, "Constructing Stillness: The Site Selection History and Signal Epistemological Development of the Laser Interferometer Gravitational-Wave Observatory (LIGO)" (PhD diss., Harvard University, in preparation).

8. Based on data in the ProQuest "Dissertations and Theses" database, with keyword searches for "LIGO" in titles and abstracts.

9. Committee on Accuracy of Time Transfer in Satellite Systems, Air Force Studies Board, *Accuracy of Time Transfer in Satellite Systems* (Washington, DC: National Academy Press, 1986).

19. 告别霍金

A version of this essay originally appeared in *New Yorker*, 15 March 2018 (online).

1. Stephen Hawking, *A Brief History of Time* (New York: Bantam, 1988). On publishing trends in popular physics around that time, see Elizabeth Leane, *Reading Popular Physics: Disciplinary Skirmishes and Textual Strategies* (London: Ashgate, 2007).

2. Hélène Mialet, *Hawking Incorporated: Stephen Hawking and the Anthropology of the Knowing Subject* (Chicago: University of Chicago Press, 2012).

3. Alan Guth et al., "A Cosmic Controversy," *Scientific American*, July 2017, 5–7.

4. The short film is available at https://www.youtube.com/watch?v=Hi0BzqV_b44.